世界紙張&日本和紙

在「紙的溫度」邂逅手抄紙，從造紙工藝體會人文魅力

紙的溫度株式會社／著
曹茹蘋／譯

世界的紙

專欄

日本和紙

PAPER HOUSE
紙の温度
NAGOYA・JAPAN
PAPER HOUSE
紙の温度
NAGOYA・JAPAN

前言

口述：花岡成治、城ゆう子（紙的溫度）　撰文：鈴木里子

歡迎光臨「紙的溫度」！「紙」和「溫度」明明都是經常使用的詞彙，但有趣的是，只要將這兩者結合起來，就會讓人莫名產生不可思議的感受。「紙的溫度」是一家紙張專賣店，專門販售日本各地的和紙與來自世界各地的紙。店址位於名古屋著名的神社——熱田神宮旁。一旦受粉紅色的獨特外觀吸引走進去一瞧，絕對會被店內豐富的商品數量嚇到無法言語，因為多到數不清的層架上，全都毫無間隙地疊滿紙張。

我們的生活少不了紙。書籍、雜誌、便條紙、郵件、面紙……隨便放眼望去，都能看見周遭充斥著許多紙張。無論網路有多普及，紙依舊與我們的生活密不可分。但是「紙的溫度」裡的紙卻和那些紙不同，全是以前從未見過的。有的混入非常漂亮的真花，有的薄到讓人無法想像居然能夠做出這麼薄的紙，有的則是凹凸不平到不像紙張。整間店內，收集了多達2萬件如此精美的紙張和紙製品，即便花上一整天恐怕也無法全部看完。而且因為每年都會更換商品，所以無論來幾次都很難盡收眼底，不過也正因為這樣才讓人想多來幾次。

然後看著店內的紙，你會發現到「紙是由某人親手製造出來」這個理所當然的事實。雖然現在我們身邊的紙張大多都是由機器製造，但紙原本是一張一張手抄出來的。

以樹或草為原料，經過浸泡、蒸煮、打漿解纖、抄紙、晾乾這些繁複的步驟，最後才終於完成一張紙。紙是在大自然中生長，再由人親手孕育而成，而那樣的紙張觸摸起來會有一種輕柔溫暖的感覺。沒錯，「紙的溫度」這個名字中蘊含著「想將紙的溫暖傳遞給大家」的心意。正在閱讀本書的你曾觸摸過手抄紙嗎？據說有很多人是在「紙的溫度」才首次觸摸手抄紙，看來現今這樣的機會已經不多了。希望來到店裡的你不要只是用眼睛欣賞，也能伸手觸摸看看，如此你一定能夠親身體會到手工紙是多麼溫暖。

「紙的溫度」是在1993年開幕，創業至今將近30年。代表取締役社長花岡成治先生和員工一同拜訪日本的產地，向建立起信賴關係的生產者和加工者進貨。另外他也從國外進口許多商品，並經常遠赴生產現場觀摩。因為了解是什麼樣的人們在何種環境下生產製造，銷售方於是也對商品滿懷情感。只要讀過描述商品特色及魅力的POP，就能強烈感受到店家對商品的用心。開幕之初的商品數量為1200件左右，儘管這樣就已經夠豐富了，但是因為不想在顧客表示「我想找這種紙」、「我在國外見過那種紙，你們店裡有嗎？」時回答「沒有」，於是下定決心持續尋找，最後一共收集到多達2萬件商品。正因為店家把「一定有」當成口號，所以店內有許多只有在這裡才找得到的紙，有時連供應商都會嚇一跳。「儘管如此，還是有好多尚未收集到的紙張，真傷腦筋」，花岡先生這麼笑道。

本書由創立「紙的溫度」且現在依舊擔任社長的花岡先生，以及自創業起便支持「紙的溫度」和花岡先生的員工，同時也是店長的城ゆう子女士，介紹從「紙的溫度」創業30年來所收集並在店內陳列的上萬種紙張中，嚴選出來的世界的紙與手抄和紙。但

店裡面所陳列的
日本和紙與世界的紙
都有附上由「紙的溫度」員工
所寫的商品說明。

願你能夠了解到原來世界上有這麼漂亮有趣的紙，以及一張紙中所蘊含的風土民情和文化。倘若還能感受到手抄和紙的細膩、生於嚴酷大自然的手工紙張之美，以及和紙誕生至今那悠長的1400年歲月，那就更令人欣喜了。本書介紹的紙張中，有些已經很難再繼續製造了。聽說不論國內外，有許多紙在「紙的溫度」營業的這些年之中消失不見。有的是因為無人繼承，有的是難以取得材料，消失的原因五花八門。「我們會盡己所能，努力讓珍貴的紙張存續下去。畢竟有些紙如果不在這裡販售，可能就會消失了」花岡先生如是道。「紙的溫度」集結了現在還能看見的精美紙張，請務必一覽其所收藏的世界與日本紙張的魅力和特色。

世界的紙

尼泊爾的代表性紙張
充滿樸實魅力的Lokta紙堅固耐水

Lokta紙

各位知道Lokta這種植物嗎？Lokta自然生長於尼泊爾標高１８００公尺以上的山間，和雁皮、三椏同為瑞香科植物，是足以與和紙的製造原料——楮樹、雁皮、三椏比擬的製紙原料。而Lokta紙便是以這個Lokta為原料製造出來的紙。在Lokta中混入三椏等其他原料的紙也稱為Lokta紙。

同樣環抱喜馬拉雅高原，尼泊爾的近鄰不丹，因為地勢更高所以水流湍急，且建有多座水庫，水資源相當豐富；與之相對，尼泊爾不但缺乏水資源，電力供應更是不足，導致產業發展受到局限。因此，製紙在尼泊爾便成為和羊毛氈同等重要的產業之一。

既然沒有過度工業化，就表示至今依然保留著手工製作的方式。尼泊爾的製紙方式以溜漉法為主流，不過我在前往當地觀摩時，卻意外見到據說現今即便在亞洲也早已沒落的撓紙法，令我十分驚訝。撓紙法為抄紙手法之一，做法是將擰過的原料撈起放在竹簾上，然後用手將因重量下沉的原料攤平，是一種非常原始的方法（第17頁照片）。我沒想到自己竟能偶遇一直以為早已不存在的夢幻製法撓紙法。當時發現的人，是與我同行的紙張老師宍倉佐敏先生（參照第76頁）。「這是非常珍貴的重大發現！」我還記得他當時興奮地這麼說。

將Lokta紙拿在手中，那種樸實、溫暖的感覺令人不由得感到安心。市面上流通的紙張多半混有名為Badi的草，因此單純以Lokta製作的「純Lokta紙」便成為近年來也受到歐洲、美國關注的珍貴紙品。混合紙的觸感粗糙，純Lokta紙則是在樸實中帶有像是雁皮紙的光澤感。

薄款（左）與厚款（右）的純Lokta紙。

染色的Lokta紙。左邊4張是草木染，右邊是揉紙類型。

只不過，由於當地人認為Lokta和三椏沒有太大差別，因此不曉得他們對純Lokta的價值了解多少。因為我實在很希望他們能夠明白自己正在製作的紙有多棒，於是在參觀工坊時忍不住用日文激動地說：「這款紙太棒了，你們應該要為此更加感到自豪才對！」結果人們在不知不覺間聚集過來，聽我說話。我想即便我說的是日文，他們大概也透過「紙」這個充滿熱情的共通語言明白了我想要傳達的意思吧。

另外，Lokta紙還有一項特色就是非常堅韌。這一點目前還沒有太多人知道，所以我希望能夠讓更多人了解Lokta紙的這項特性。Lokta紙也可以用來車縫，近幾年利用其堅韌特性製作的包包、筆袋、收納用品很受歡迎。「紙的溫度」也有製作能夠攜帶紙捲的原創肩背環保袋。

樸實又強韌的質感，而且價格便宜。約50×75公分的純Lokta紙只要200日圓上下，相當划算。Lokta紙也是很受歡迎的內裝材料，許多建築師和室內設計師都覺得那種和紙所沒有的粗獷質感很吸引人。

Lokta紙經過加工後非常耐水，很適合染色。尤其單純只用Lokta製成的純Lokta紙強度更高，染色後即使用手使勁擰也不會破（第17頁照片）。我在當地親眼見到他們將Lokta紙染色後放在鍍鋅鐵板上延展晾乾，即便那麼做紙依舊是完好如初（第17頁照片）。

我至今去過尼泊爾約莫10次，看過生產者全家一起剝下原料Lokta和三椏的皮（第16頁照片），看過位在懸崖底下的三椏田，當然也參觀過抄紙和染色的過程。其中最令我印象深刻的，是前往位於深山的工坊時。那是和我合作最久的工坊，染色完成的紙就這麼放在與其說道路，應該算是空地的地面上（第16頁照片）。又或者應該說散落在地比較正確。他們說因為接下來要晾乾所以擺在那裡，如此粗枝大葉的做法讓人深刻感受到尼泊爾的風土民情。第12頁的撓紙法也是在這間工坊見到的。

尼泊爾的紙除了原色紙和染色紙外，也有印花紙。以前的主流做法，是用手工雕刻的木板壓出圖案的「木刻印」。我也曾經去見過雕刻師，不過最近木刻印似乎已經被網版印刷所取代，讓人覺得有些遺憾。此外由於來自歐洲的設計師居留當地進行指導，使得時髦圖樣逐漸增加。尼泊爾如今正緩緩迎來轉變的時刻。

染色完成的Lokta紙皺巴巴地被擺在地上晾乾。

上）全家出動剝掉原料的皮。
下）作為原料的Lokta。

搭乘越野車駛過如此險峻的山脈，前往栽種三椏的農田。

將染色完成的Lokta紙平攤在鍍鋅鐵板上晾乾。

將Lokta紙平攤在這樣的大自然中晾乾。

上）至今依然以原始的撓紙法製紙。
下）將手抄的Lokta紙放入染料中，用手揉搓染色。只有強韌的Lokta紙才能被這樣揉搓依舊完好如初。

左起為：雲母Lokta紙（3色）、香蕉紙、
壓紋圖案Lokta紙、花朵浮水印Lokta紙。

左起為：抄入鬼灯檠的花朵Lokta紙、印花Lokta蠟紙、
蠟染（Batik）Lokta紙（3色）、手揉Lokta蠟紙。

以構樹製成的Saa紙
欣賞獨特的斑駁紋理

Saa紙

泰國

我們最早開始販售的亞洲紙張，是泰國生產製造的紙。1995年，為了尋找比和紙平價又能獲得顧客喜愛的紙張，於是首站來到了泰國。和「和紙」一樣，泰國的紙統稱為「Saa紙」，而「Saa」在泰文中指的是構樹。構樹是桑科構屬的樹木，又稱為泰國楮樹。在日本也有分布，但由於不斷和楮樹交配，許多人經常將這兩者混淆，所以必須特別留意。構樹會長得非常高大，而且含油量比日本楮樹來得多，因此能夠製成堅固的紙張。

和第12頁的Lokta紙相比，Saa紙之所以與和紙質感相近，或許是因為構樹是楮樹的同類吧。由於採用溜漉法製成，所以會產生斑駁的紋理，而有些人特別偏好這一點。我還記得當初剛開始販售時，便有好幾位書法家很喜歡。

除了原色紙外，也有以椰肉纖維做裝飾，和混入芒果皮製成的紙張。另外，還有一種將樹皮底下的部分直接當成紙使用的「樹皮紙」，而這種粗獷的紙中蘊藏著也能運用在時尚領域的可能性。泰國的生產者在將花朵抄入紙漿中時常會粗枝大葉，導致成品顯得有些俗氣，不過和我們合作的生產者是讓小花散布其中，品味相當好。像是圖案十分細緻的落水（在乾燥之前，藉由澆水製造圖案的技法）紙、以壓紋加工加上花朵或葉子圖案的紙、蠟染紙、抄入格子狀拉菲草纖維的紙等等，我在泰國找到了各式各樣的紙張，並將其帶回來介紹給大家。

2011年，泰國包括首都曼谷在內遭遇了大洪水，造成非常嚴重的損失。當時各種製造業都蒙受重大打擊，製紙業當然也不例外。有許多手工製紙的工匠因此選擇停業，實在令人非常遺憾。

照片左起為：基本的Saa紙、未漂白樹皮紙和漂白過的樹皮紙。

1）製作Saa紙的工廠。2）Saa紙的原料構樹。3）為了利用陽光曬乾紙張，工廠前堆了許多抄紙框。4）拜訪工廠的花岡先生（照片左起第2人）。

在半戶外的抄紙場製作Saa紙的女性們。

正在抄製加入花朵的Saa紙。

1）將花朵和葉子美觀地排放在裝有紙漿的抄紙框上。2）抄好的紙要置於陽光底下曬乾。
3、4）製作出加入各式花朵、葉子的Saa紙。

各種Saa紙。照片左起為：蠟染、加入九重葛、圓圈紙、加入葉子。

這些也是Saa紙。照片左起為：用香蕉纖維抄製成的紙、抄入拉菲草、加入椰子纖維、立體壓紋、加入芒果纖維、以落水技法製成的蕾絲Saa紙。

在水窪抄紙的驚人手法
全村動員製作的樸實紙張

傳統Tsharsho紙

不丹是位於尼泊爾附近的國家。我第一次同時去這兩國是在1999年，當時是請當地人帶路。從國際機場到首都辛布雖然是搭車，但光是未經鋪設的道路就已經顛簸難行、讓人深感不適了，路上的各種動物還一副唯我獨尊地擋住去路。最後我們一共花了5小時才總算抵達旅館。

強力推薦我到不丹當地看紙的，是一位隸屬「和紙文化研究會（非營利的自主讀書會。我也是會員）」、名為弗朗索瓦．佩魯的法國人。不丹的代表性製紙原料是月桂樹。月桂樹為瑞香科，和尼泊爾的Lokta非常相似，因此我猜想兩者的根源或許相同。當時，不丹僅有2間造紙廠在製作手抄紙，而且2間都接受了島根縣濱田的石州和紙的技術指導（自1986年起持續至今），做出來的紙張自然與和紙相似。但是，佩魯先生讓我看的紙卻更加樸實。我告訴其中一間造紙廠負責抄紙的女性，表示我想要的是依循古法製造的紙張，結果她跟我說，只要前往距離辛布3天車程的村落向村長拜託，他們便會全村動員幫忙抄紙。她還建議我，如果要請對方抄紙，最好能夠買下一整個卡車的數量，於是我就真的那麼做了。那個村落的抄紙方式非常驚人，是在河灘上挖洞後舀入水，在那裡抄紙。以日本的做法來說相當於溜漉法，而以這種方式用竹簾抄製的紙稱為Tsharsho；另外，採取用杯子倒入原料的撓紙法，以布簾抄製的紙稱為Deysho。晾紙方面，也沒有用來晾乾的板子，而是攤在岩石或草地上日曬乾燥，所以只要檢查送到日本的紙，有時就會發現上面沾了泥土。Tsharsho紙儘管布滿皺褶、非常樸實，然而在「紙的溫度」卻十分受歡迎，也是我在亞洲最喜歡的紙。

以自古流傳下來的方法製作的 Tsharsho 紙。
在「紙的溫度」，我們稱為它為傳統 Tsharsho 紙。

原料是名為Shobin的麻樹
被誤認為製紙商的回憶

傘紙

1999年，我受到在JETRO（日本貿易振興機構）負責調查東南亞市場的荒木義宏先生邀請，前往緬甸視察。漆器、木竹製品、傳統織物等等，緬甸的傳統工藝十分興盛，讓我滿懷著不知能遇見何種紙張的期待心情出發。從前首都仰光的機場搭乘國內線，又坐車在田園地帶行駛了2小時，我們終於抵達名為品達亞（Pindaya）的城鎮。當時品達亞有5間造紙廠，而我被帶到一對年輕姊妹的抄紙工坊。

製紙原料是緬甸語的Shobin，意思是麻樹。當地人告訴我，這種樹是自然生長在品達亞旁的撣邦高原上。儘管和尼泊爾的Lokta紙、泰國的Saa紙氛圍不同，但依舊是充滿東南亞風情、可以看見原料的樸實紙張。順帶一提，和緬甸紙氛圍相近的是越南與寮國的紙。

那對姊妹只抄製90公分見方的紙張。一問之下才知道，因為她們製作的是給土產的傘使用的紙，所以才做成正方形。她們兩人似乎誤以為我是日本來的製紙商，再三希望我能告訴她們日本的抄紙方式。儘管覺得困擾，我還是告訴她們落水法、加入線抄製的方法，並且建議她們可以試著將當地山脈的紅土加進紙漿中抄製。後來，她們聽從建議抄製出來的紙張送到我們手中，成為最初透過正式管道從緬甸來到日本、值得紀念的手抄紙。起初有一陣子她們都是供應傘用紙和其他3種紙，之後她們也配合日本做了60×90公分的尺寸，並且挑戰製作上漆的紙張。誠如各位所知，緬甸現在因為軍方發動政變而陷入混亂，我們希望和這對姊妹共同合作、做出更優質紙品的願望如今也無法實現了，因此由衷希望一切能夠早日恢復正常。

白色紙是傘紙，褐色紙是抄製完成後上漆的紙品。

為了貼在傘上，用正方形的竹簾框抄製正方形的紙。

1）抄紙的年輕姊妹。後方堆滿了原料。2）正在煮原料。
3）煮好的原料。4）敲打煮過的原料。左邊是觀摩作業情形的花岡先生。

1）乾燥後將紙撕下即完成。2）在正方形紙張的表面塗抹漿糊。之後會貼在傘上。
3）抄紙場。蹲著彎腰抄紙。4）變成作為土產的紙傘。貼在傘上後上色。

抄製好的紙在陽光底下曬乾。可以看出是正方形的紙。

依然保留手工作業的國度裡
有著經過各種加工的紙張

刺繡紙及其他

印度

印度是我一直想去，卻還沒有機會成行的國家之一。話雖如此，我們卻早在2000年就開始販售印度紙張。我雖然常在於德國法蘭克福舉辦的國際文具、紙製品及辦公用品展「Paperworld」上見到印度紙，卻是直到印度廠商前來拜訪「紙的溫度」，雙方才正式展開交易。

在印度人製作手抄紙的時候，多半會在原料中加入棉短絨（長在棉籽上的短纖維）和舊紙。用棉短絨手抄製成的印度紙帶有獨特的鬆軟質感，樸素的氣息別具特色。

「紙的溫度」所進貨的印度紙多半都有經過加工。印度擁有成熟的織物文化，紙類加工公司大多位於纖維產業的產地附近，因此我想纖維的加工技術應該也被應用在紙張上了。除了在樸素的紙上添加細緻刺繡的刺繡紙，還有各式各樣的壓紋，其中加上閃亮的粒狀凸起金屬箔的顆粒壓紋紙更是從未在別處見過。另外，像是在染成金色的紙上利用起毛加工（植絨印花）添加圖案，或是用網版印刷刷上發泡劑後加熱、使其發泡，加工方式真的非常豐富多樣。

由於印度至今依然保留手工作業，而且即便進行如此複雜的加工還是能夠壓低人事費用，因此價格上算是相當合理且吸引人。有些廠商既能印花也能染色，也有一些公司，原以為他們專做壓紋加工，結果也會做金光閃閃的金蔥加工紙。多數廠商都是為了海外市場進行製造，可大致分為鎖定美國市場的公司，以及鎖定歐洲市場的公司。前者的產品較不精緻，擅長後者的公司所製造的紙張比較吸引我們。

照片左起為：刺繡紙（2色）、
加上七彩金屬箔的顆粒壓紋紙（3色）。

全部都是印度的壓紋紙。也有很多是在作為基底的紙張上，以網版印刷刷上整面金屬色，之後再進行壓紋加工。

照片左起為：起毛加工（植絨印花）紙（3種圖案）、
發泡印花紙、用網版印刷刷上圖案的印花紙（2種）。

法國

每天早上到工坊前面的花田採摘
五彩繽紛的花朵躍於紙上

手抄花草紙

手抄紙的製作方式是在西元12世紀時從中國傳至歐洲。在法國中南部的奧維涅地區，有一間自1326年起便始終使用該製法抄紙的工坊「Moulin Richard de Bas」。他們將作為原料的棉布（原本使用在衣物上的木棉屑）剪碎之後，用和庭院的水車相連的杵24小時不停敲打，使其恢復成纖維的狀態。由於沒有像和紙一樣使用黃蜀葵的黏液（用來幫助分散纖維），因此無法抄得很薄，而是會帶有一定厚度。這間工坊雖然也製作素面的紙，不過我想介紹的是「花草紙」。

法文的fleur是花草的意思。如各位所見，不但有繽紛的花朵在白紙上翩翩起舞，還有蕨類的葉子四處散落，讓人從中感受到法國人絕佳的品味。他們每天早上到工坊前面的花田採摘花草，將其加入紙張中。花草紙僅限夏季製作，堪稱是這個地區的季節代表物。這間工坊有將包括花田在內的設施對外開放，聽說其中還有建於西元15世紀的建築。在創業之初的西元14世紀，製紙是一項不外傳的技術，因此為了防止技術外流，據說會從門外上鎖，不讓工作人員外出。而且離職之後，也必須在這座村子待上7年才能離開，可見當時製紙技術是多麼珍貴且神祕。

花草紙在「紙的溫度」也很受歡迎。有51×61公分的尺寸，也有為了方便顧客購買，而將整版裁成四分之一的明信片尺寸。花草紙也是我很喜愛的紙張之一，2014年「紙的溫度」的賀年卡便是以這款花草紙製作，且每一張紙上的花朵都不相同。雖然這麼做感覺很奢侈，不過卻受到大家一致好評。

花草紙。厚度和畫紙差不多。

以西洋傳統技術表現日本的四季
熱愛大自然的女性所編織出的大理石紋世界

手染大理石紋紙

法國

大理石紋紙的製作方式是將顏料滴在比重較重的液體中，接著將以專用棒子或筆畫出來的圖案翻印在紙上。據說歐洲人從西元17世紀左右便開始製作，因為呈現大理石般的圖案而得其名，有孔雀、貓眼等各式各樣的圖案。

法國的瑪麗・安妮女士製作的大理石紋紙，給人非常不一樣的感受。她先是學習正統的圖案、充分習得那項技術之後，再創造出自己獨創的時髦圖案。那不落窠臼、布滿整張紙的圖案，我想唯有熱愛大自然的瑪麗・安妮女士才能創造出來吧。另外，她還有一項名為「double passage」的獨門技法。這項技法是讓2個相異的圖案重疊，因此能夠展現出層次感。有時她也會使用金色，創作出奢華感十足的作品。

我至今拜訪過2次她的工坊。當時她的工坊位在凡爾賽宮附近，是一棟十分別緻的屋子。我第2次和「紙的溫度」的員工一同前往時，希望瑪麗・安妮女士可以發揮她的感受力與技術，製作出表現日本四季風景的紙張，結果她很爽快地就答應了。「浮現在漆黑夜空中的夜櫻……展現出與白天截然不同的色彩和風情。其美麗姿態令人心醉」、「散落在河面上隨波流動的櫻花花瓣……連逐漸凋零的姿態都令日本人為之迷戀」（春）。「呈現清爽翠綠色和藍色的河川、生氣勃勃的流水，讓人捨不得移開目光的夏日景色」（夏）。「變色的紅葉展演出深淺不一的紅色、橘色」（秋）。「雪山與河川的潺潺流水聲。動靜交雜、依舊充滿生命力的冬季景致」（冬）。瑪麗・安妮女士根據這些語詞創作出後續頁面的大理石紋紙，她那豐沛的感受力令我們讚嘆且滿懷感謝。

double passage圖案的大理石紋紙。

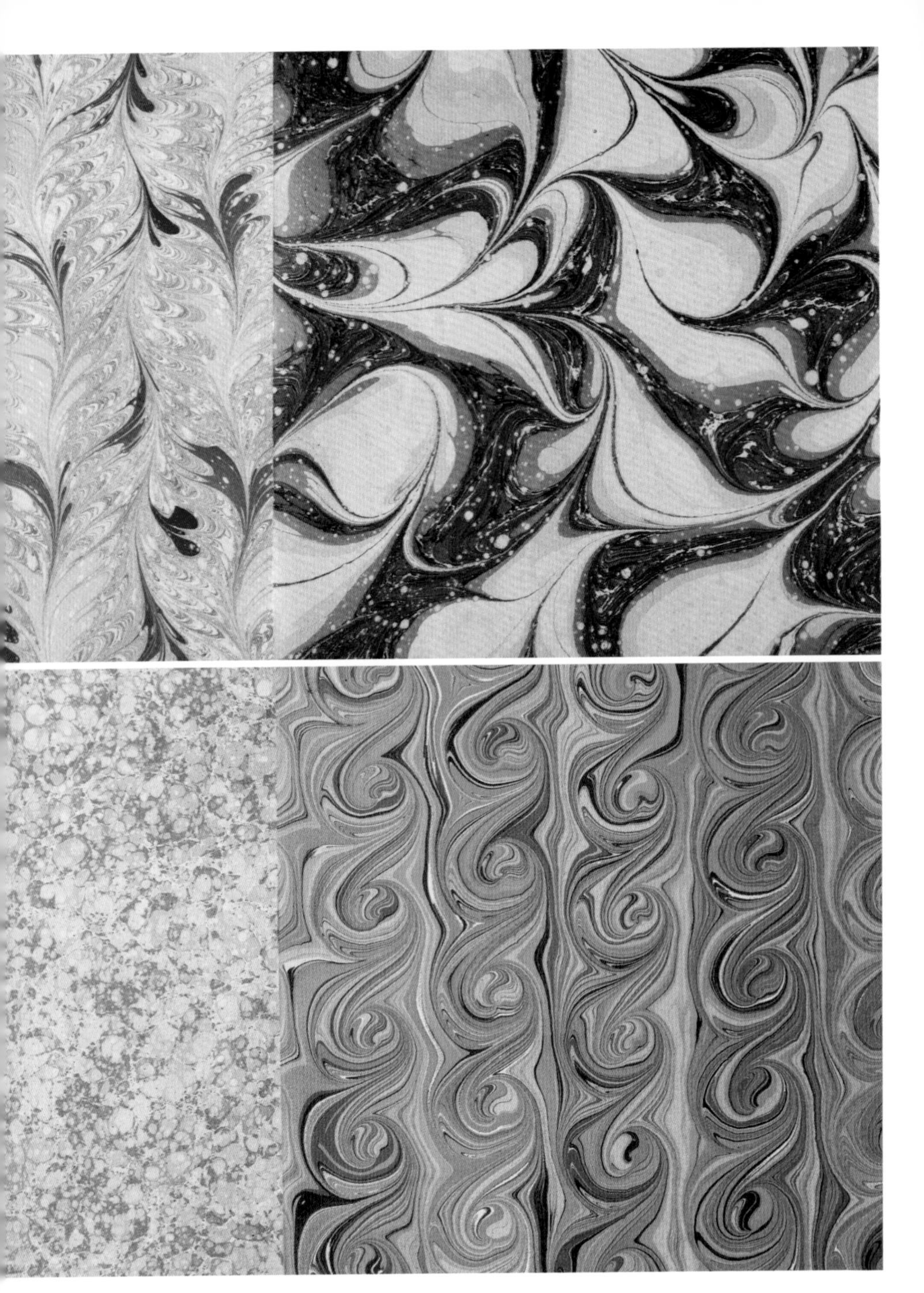

上）表現春天印象的大理石紋紙。

下）表現夏天印象的大理石紋紙。

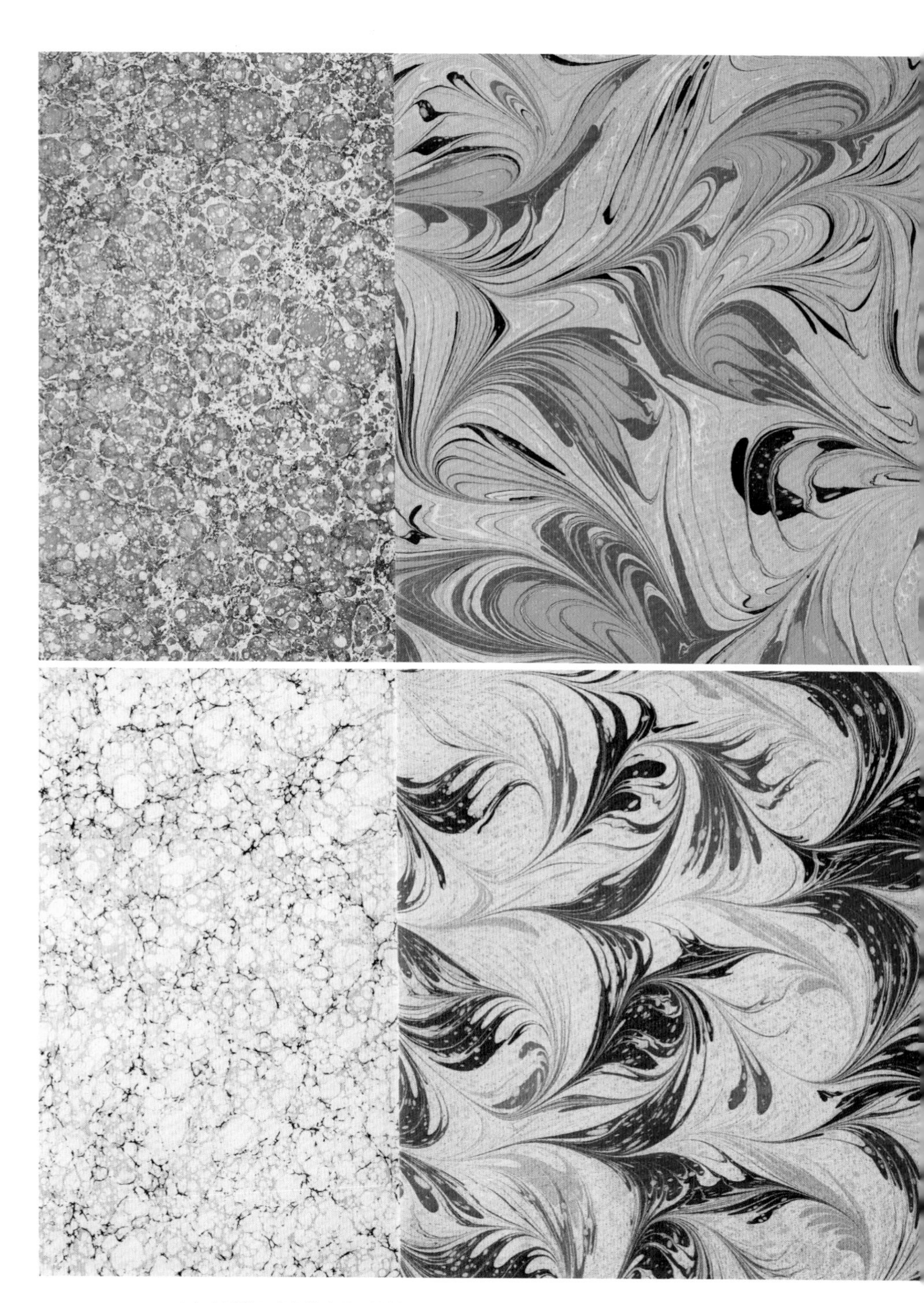

上）表現秋天印象的大理石紋紙。

下）表現冬天印象的大理石紋紙。

自在地利用刷子、棒子創造出優美線條

漿糊紙

比利時

歐洲除了第38頁的大理石紋紙外，還有其他被視為傳統工藝的紙張加工技術。這裡所介紹的，據說誕生於西元16世紀中葉的漿糊紙也是其中之一。製作技法是在作為漿糊的麵粉或玉米粉中混入水溶性顏料，塗抹於紙上，然後在乾燥之前用刷子或棒子描繪出圖案。

在比利時，有一間名為「Acuto Didier」的工坊非常擅長製作這種漿糊紙，而我和經營這間工坊的兩姊妹是在法國的「salon」展覽會上相遇的。初次見到時，首先令我感到驚訝的是繽紛的色彩。應該說是曖昧色（nuance color）嗎？例如混合藍色和灰色的顏色是日本所沒有的。她們兩位對於色彩有強烈的的探知欲，願意因應我們的要求創造出絕妙色彩這一點是一大強項。不僅如此，像是結合條紋和曲線等等，她們對於圖樣的品味也很好。就算有時出現奇特的設計，也會因她們的絕佳品味和巧妙用色技巧轉變成一種魅力。而也正是在這種時候，讓我不禁覺得歐洲人擁有日本人所沒有的感受力。照片中的碩大玫瑰紙，是在印有竹簾編織圖案的紙上塗色，再用混入漿糊的顏料進行網版印刷。此外也有未添加圖案的素色紙，而且顏色非常豐富。由於是一張張手工製作，因此沒有一張是完全相同的。還有，因為她們沒有樣品本，所以即便親自到當地和她們溝通討論，也很難調出相同的顏色，這一點是比較辛苦的地方。這間工坊所生產的紙常被用來製作relieur（法國的製書技術）的蝴蝶頁或是裱框，相當受到歡迎。

漿糊紙。照片左起為：用刷子或棒子把漿糊刮出圖案的紙（3種）、用網版印刷刷上漿糊的款式（2種）。

印花壓紋紙

創造出可愛感的高度技術與設計功力
印花紙的頂尖好手

Turnowsky的印花壓紋紙，加上了壓紋和燙金。

以色列

Turnowsky在1940年成立於以色列的特拉維夫市。是一間除了印花紙、賀卡等紙製品外，也販售紡織品和禮品的大公司。他們每年都會發表新品，從以大人為客群到充滿可愛感，設計款式非常多樣，而「紙的溫度」多半從中挑選可愛的款式進貨。話雖如此，由於用色細膩，而且經過壓紋加工的立體紙張完成度很高，所以連大人看了也不禁想要擁有。該公司每年都會到法蘭克福參展，和來自世界各地的客戶交易，因此最低訂購量的門檻很高。原本每個圖案至少要訂購5000張，但是經過我們和熟識的負責人交涉之後，對方總算願意降低數量。我們之所以這麼做，都是希望能夠將更多的圖案呈現給大家。

紙幣手抄紙

這樣一張紙要用掉多少紙鈔？
加入大紙片感覺才有趣

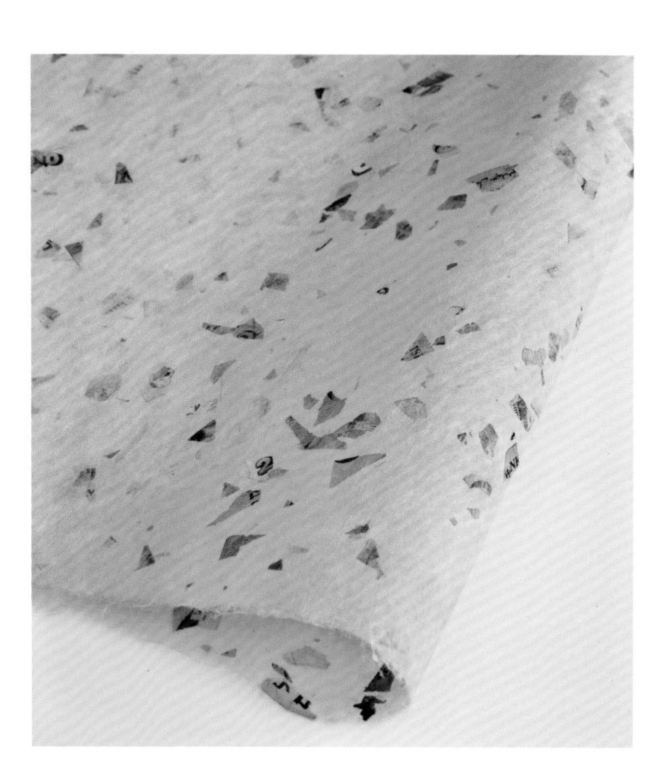

混入舊紙幣的紙幣手抄紙。

以色列

各位見過在原料中混入舊鈔票做成的紙嗎？出乎意料地，其實世界各地都有人在製作這種紙，但多半會將紙鈔裁碎到看不出原本是鈔票。不過，以色列的Izhar Neumann先生製作的紙張中的鈔票卻很大，甚至可以判讀上面的文字和數字。他曾在新潟的門出學習抄製和紙，後來帶著楮樹返回以色列，在祖國從事於日本學習到的手抄紙工藝。為人十分認真的Neumann先生即便回國了，每到楮樹的砍伐時期還是會回日本幫師傅的忙。話說，我之前一直對於原本很大張的鈔票後來漸漸變得愈來愈小這件事感到可惜。也不知是打漿機（將敲打過的原料和水一起攪拌的機器）的品質變好了，還是政府相關人士指示他要打得更細一點……總之經過我一再地要求，希望能將出貨給日本的紙張上的鈔票放大，最後他總算被我的熱誠打動，讓我收到有著清晰紙幣圖案的紙張。

樹皮紙

來自中南美
靠著不停敲打纖維製成的原始紙張

藍色和褐色的樹皮紙。

宏都拉斯

「紙的溫度」也有中美洲的紙。只不過，這款來自宏都拉斯的「樹皮紙」並非手抄製成，而是將從樹木剝下的樹皮內側泡水軟化，再用棒子敲打延展後曬乾，如此便完成了。只要將樹皮紙拿在手中，就能清楚知道纖維在經過不停敲打後會變成紙張。這種樹皮紙的歷史相當悠久，據說早在石器時代便已經存在。雖然完全不知道使用的是何種樹木，不過樹皮紙具有不同於手抄紙和紡織品的獨特質感，深受建築和室內設計業界人士歡迎。製作這種紙的公司有在販售使用天然素材和回收材料製成的建築資材、家具、餐具等，因此想必非常了解大眾的需求。目前我們正在等待褐色調的大地色、紺色、藍色、灰色系等，一共約10色的紙張再次進貨。

咖啡豆也能變成紙
送達後立刻飄香

咖啡紙

宏都拉斯

咖啡紙。上面的黑色顆粒是咖啡渣。

咖啡紙和前一頁的樹皮紙同樣來自宏都拉斯，是在舊紙原料中混入咖啡豆外皮製成的手抄紙。質地厚實而粗硬，十分樸素。

宏都拉斯的咖啡產量在中美洲位居第一，在全世界也是數一數二的咖啡生產大國，或許就是因為這樣才會製造出這種紙張吧。雖然作為紙張並沒有太大的特色，不過打開送達的包裝紙後，咖啡香氣立刻撲鼻而來。即便做成紙張，並且遠從宏都拉斯來到日本，香氣依舊縈繞不散，這一點實在非常有趣且令人印象深刻。「紙的溫度」的咖啡紙和畫紙差不多厚，稍微凹凸不平的紙質充滿樸實感。可惜的是由於價格大漲，目前我們正在觀望是否要繼續進貨。

以馬尼拉麻和Pokasa為原料製成
運用其凹凸不平的質感

Pokasa紙

菲律賓原本並非紙的產地，是因為當地生產被稱為馬尼拉麻和菲律賓雁皮的Salago、桑科的Pokasa等可作為製紙原料的植物，後來才開始製作紙張。在「紙的溫度」名為「白段」的商品，便是以馬尼拉麻和Pokasa為原料製成的紙。這種相當厚實且表面凹凸不平，一看便知道是手工製作的紙張，是我們親自到當地採購來的。

不僅有人將其當成壁紙使用，也有許多人認為這款紙張的厚度和韻味很適合用來製作手工邀請函。另外，還有愈來愈多人將其作為達摩不倒翁、面具、花瓶等紙紮工藝品的基底。我想可能是因為近來紙紮用紙（以舊紙為基底的柔軟厚紙）愈來愈難買到，大家才會轉為使用這種紙。除了作為基底在上面黏貼和紙，也可以直接上色，或是什麼也不塗，直接欣賞其純粹的造型也很適合。

菲律賓

依照紙紮工藝品的做法，用Pokasa紙做成的花瓶。
可以妝點上乾燥花，或是在形狀上下點工夫做成筆筒。

Pokasa紙。整體表面明顯凹凸不平。

韓紙・張紙房

結合品質優良的楮樹與出色技術
名家製作的紙果真名不虛傳

百分之百以楮樹抄製而成，張紙房的純韓紙（上）、
手裁部分帶有浮水印線條的紙捻原紙（下）。

韓國

根據《日本書紀》的記載，製紙技術是在西元610年從朝鮮半島傳入日本。如同日本的紙稱為和紙，韓國的紙則稱為韓紙。過去手抄紙曾經在能夠取得優質楮樹的韓國十分盛行，然而後來卻衰退得比日本更加嚴重，據說全韓國還一度只剩下5間手抄紙工坊。如今為了保留手抄紙文化，韓國正努力復興當中。鄰近38度線的「張紙房」，是相當於被指定為日本人間國寶的張容薰先生的工坊。他為了取得品質優良的楮樹，將以前位於別處的工坊遷移到冬季嚴寒的38度線附近。一如在日本被譽為名家的人都會使用上等原料，張先生所使用的楮樹品質也十分優良。以正統派的抄紙方式，做出好品質的紙張。由於張先生的兒子也是一名紙捻作家，因此工坊平時也有在抄製紙捻用的紙。「紙的溫度」有手裁成紙捻之前的原紙，不過目前只有鮮紅色的款式。

用於人氣傳統工藝的紙張
紙張製成的生活雜貨

印花韓紙

印有韓文和圖案的韓紙。

韓國

位於韓國東南部慶尚北道的安東，時至今日依然是著名的韓紙生產地。印有韓文、漢字、甲骨文的紙張，會被使用在製作韓紙工藝品上。韓紙工藝是韓國的傳統工藝之一，從小盒子到小桌子、抽屜櫃等家具，利用韓紙製作出各式各樣的生活雜貨。最興盛的時期據說是從西元13世紀到18世紀的朝鮮時代。當地目前除了使用這個印花韓紙製作受歡迎的手工藝品，也將其應用在韓國料理店的店內裝飾、菜單封面等等。在日本，不只愛好韓紙工藝的人們，也有人會在籃子等用品的表面貼上和紙，然後把塗上柿澀的印花韓紙當成「一閑張（譯注：日本傳統的紙漆工藝）」的紙使用。順帶一提，日本和韓國雖然是鄰國，但因為語言不通，導致溝通起來非常辛苦，讓人每每都有種「韓國真是最近也最遙遠的國家啊」的感覺。

Tapa

南國的樸實樹皮紙
人生重要時刻總少不了這種紙

斐濟

Tapa是在南太平洋地區以傳統方式製成的原始樹皮紙。在夏威夷稱為「Kapa」，在薩摩亞稱為「Siapo」，在斐濟則又被稱為「Masi」或「Masi Kesa」。Masi是Tapa的原料，也就是構樹的當地名稱。我將這些統稱為「南國紙張」。

樹皮紙以前最大的產地是印尼，但是後來絕跡了。和第46頁介紹的宏都拉斯的樹皮紙相比，Tapa的紙質更薄。Tapa只使用樹皮內側的白色韌皮纖維，將其延展成蕾絲一樣的薄度後，讓纖維方向同為縱向的2、3片重疊，以水弄濕或是泡在水中軟化。之後用小槌子仔細敲打，再摺疊起來繼續敲打，如此纖維便會互相纏繞變成一大片。接著用野葛之類的澱粉當作黏著劑接起來，做成像布匹一樣。整個過程相當費力，但似乎都是女性負責這項工作。由於人們會用Tapa做衣服，因此多半不是稱之為樹皮紙而是樹皮布。第一個孩子（尤其男孩）出生後，會立刻以Tapa將孩子包起來以表示祝福，另外，也用於傳統婚紗，以及在葬禮上覆蓋棺木。Tapa堪稱是冠婚喪祭和人生重要時刻不可或缺的神聖紙張。聽說也會作為男性的兜襠布使用。

Tapa有維持原料原有色澤、未經漂白的種類，以及經過脫色漂白的種類。如同先前提過的製作方法，Tapa是透過敲打樹皮纖維製成，所以不裁切就不會變成整齊的長方形。在經過脫色的白色Tapa上添加圖案的產品已成為經典的觀光特產，可以直接當成裝飾品欣賞。彩繪使用的是以樹木製成，Tapa專用的褐色、黑色塗料。上面的圖案會隨所在的島嶼、地區有所不同，而且每一個都蘊藏著特殊含意。

未漂白的Tapa（上）和經過脫色漂白的Tapa（下）。

藉由敲打使其黏著接合
即使遭到禁止仍持續製造的紙張

Amate

墨西哥也有獨特的樹皮紙「Amate」。製作方式非常傳統，是將名為jolote的無花果類樹木的樹皮剝下曬乾，在溶入石灰和木炭的水中長時間浸泡軟化後敲打，使其乾燥。不是做成纖維狀，而是利用敲打jolote所產生的黏液接合原料，做成片狀。在樹皮紙之中，墨西哥的製造方式也算是相當特殊。

根據歷史記載，Amate過去曾被人們廣為使用，然而西班牙帝國卻在西元16世紀征服墨西哥後隨即禁止生產。雖然如此，山岳地區的人民依舊持續製造，後來Amate從20世紀中葉開始被視為墨西哥原住民的手工藝品再次受到矚目，如今已成為一項觀光特產。我以前並不知道前一頁的Tapa和Amate這些南國紙張的存在，是研究樹皮紙的坂本勇先生告訴我，我才曉得原來這麼多國家都有樹皮紙。世界各地仍有許多有趣的紙張等待發掘，這一點總是令我驚嘆不已。

像是維持原料jolote原有色澤的褐色紙張、經過脫色漂白的白色紙張、混合以上2種原料敲打製成的白褐混色紙張、敲打染成各種顏色的原料使其接合的彩色紙張，以及將染色原料做成格子狀，然後敲打接合成紙張的類型等等，Amate有各式各樣的款式。白褐混色款看起來就像美麗的闊葉樹樹紋，色彩繽紛的Amate更是洋溢著墨西哥風情，讓來到「紙的溫度」的顧客直呼「總之就是好漂亮，讓人好想擁有」。無論是直接用來裝飾，或是當成桌墊，各位可以自由選擇使用方法。

全部都是Amate。照片左起為：未漂白的褐色Amate、白褐混色、格子狀Amate、色彩繽紛的Amate。

金繭紙

天然形成的閃耀光芒
不可思議的迷人紙張

金繭紙。仔細一瞧，可以看見上面有許多相連的繭。

印尼

這個散發金色光芒的紙居然是用繭製成，而且還不是經過上色，而是天然形成的色澤。我從新聞報導上得知2005年舉辦的愛知世界博覽會（愛・地球博）的印尼館室內裝潢使用了散發金光的繭紙之後，便立刻前往參觀。我到現在還記得，當時我為了這種紙竟能天然閃耀出金黃色澤而感佩不已，並馬上就決定採購這款不是一閃一閃而是持續散發出光芒的紙張。雖然後來很快就售罄，不過我還是想向各位介紹本店「曾經進貨的這種紙」。

它是用棲息於印尼、一種名為小字大蠶蛾的蠶繭製成，由於很難取得纖維所以無法編織，只能加工成片狀之後將攤成一片一片的繭貼在紙上，做成一整張。日本據說也有以金色繭為原料的絹絲製和服，看來「金色」果然是一種特別吸引人的顏色。

莎草紙

據說是paper這個字的語源
深受書法家喜愛的暈染程度

莎草紙。可以清楚看見植物的纖維。

埃及

莎草紙被視為「紙的起源」，是在古埃及以名為紙莎草的草製作而成，也是英文paper這個字的語源。古代的聖經不是寫在莎草紙，就是寫在羊皮紙（第68頁）上。紙莎草是莎草科的一種，做法為切片後敲打到產生黏性，使其接合成一整片。由於「紙」的定義是一度讓纖維分散再使其互相纏繞而成的製品，因此莎草紙嚴格來說並不是紙。如今埃及人依舊持續在製作莎草紙，而且聽說因為墨水沿著纖維暈染開來的樣子別具韻味，所以這種紙意外受到書法家們歡迎。我的紙張老師宍倉先生（參照第76頁）曾經分了幾株紙莎草給我，要我試著自己製作看看，可是無論我怎麼敲打，纖維還是接合不起來。後來宍倉先生才告訴我，紙莎草是炎熱國家的植物，必須讓它熟成腐敗之後才能製作，而這也讓我重新體認到，這種書上沒寫的事情果然只有經驗過當地生活才會曉得。

義大利

印上心臟、腦髓、骷髏頭
獨特的設計品味令人大吃一驚

印花紙

義大利的Rossi公司在印花紙的領域堪稱世界先驅。該公司在１９３１年創業於文藝復興的發祥地佛羅倫斯。我第一次參加法蘭克福的展覽會是在１９９０年代末期，當時在展場上認識該公司後便持續往來至今。

從源自文藝復興時代的傳統花紋到時髦花紋，圖案豐富這一點為其一大魅力，尤其傳統圖案的用色技巧格外巧妙。除了有彩色款，也有同色系的漸層設計，每一種的品味都非常好。

另外，該公司還十分擅長在圖案上進行加工，例如在蒲公英棉絮這種細緻的圖案上使用凸版印刷（活版印刷）。這道工序能夠賦予棉絮立體感，是膠印所辦不到的。愛心圖案是先使用凸版印刷再燙金，讓簡單的花紋瞬間變得華麗起來。不僅如此，他們還會以凸版印刷印出心臟、腦髓、骷髏頭等驚人的圖案，試著想想看要是用腦髓圖案的紙包裝禮物，收禮的人不曉得會有多驚嚇！還有，該公司運用燙金的手法也很巧妙。以瓢蟲圖案為例，紅色部分是膠印，再疊上身體的圓點和臉部的燙金；蜜蜂圖案則是在纖細的翅膀、身體，以及臀部的條紋圖案上添加金箔。

Rossi是一間深具傳統的公司。一面活用創業至今建立起來的技術，同時為了讓「義大利的印花紙」流傳後世而不斷挑戰新事物，並將其理念如實地反映在時髦的設計上。之所以有許多簡單的設計被剔除，或許是因為公司老闆是兄弟吧。尊重乍看完全相反的傳統與革新的做法，讓人深深感受到他們的幹勁與熱情。

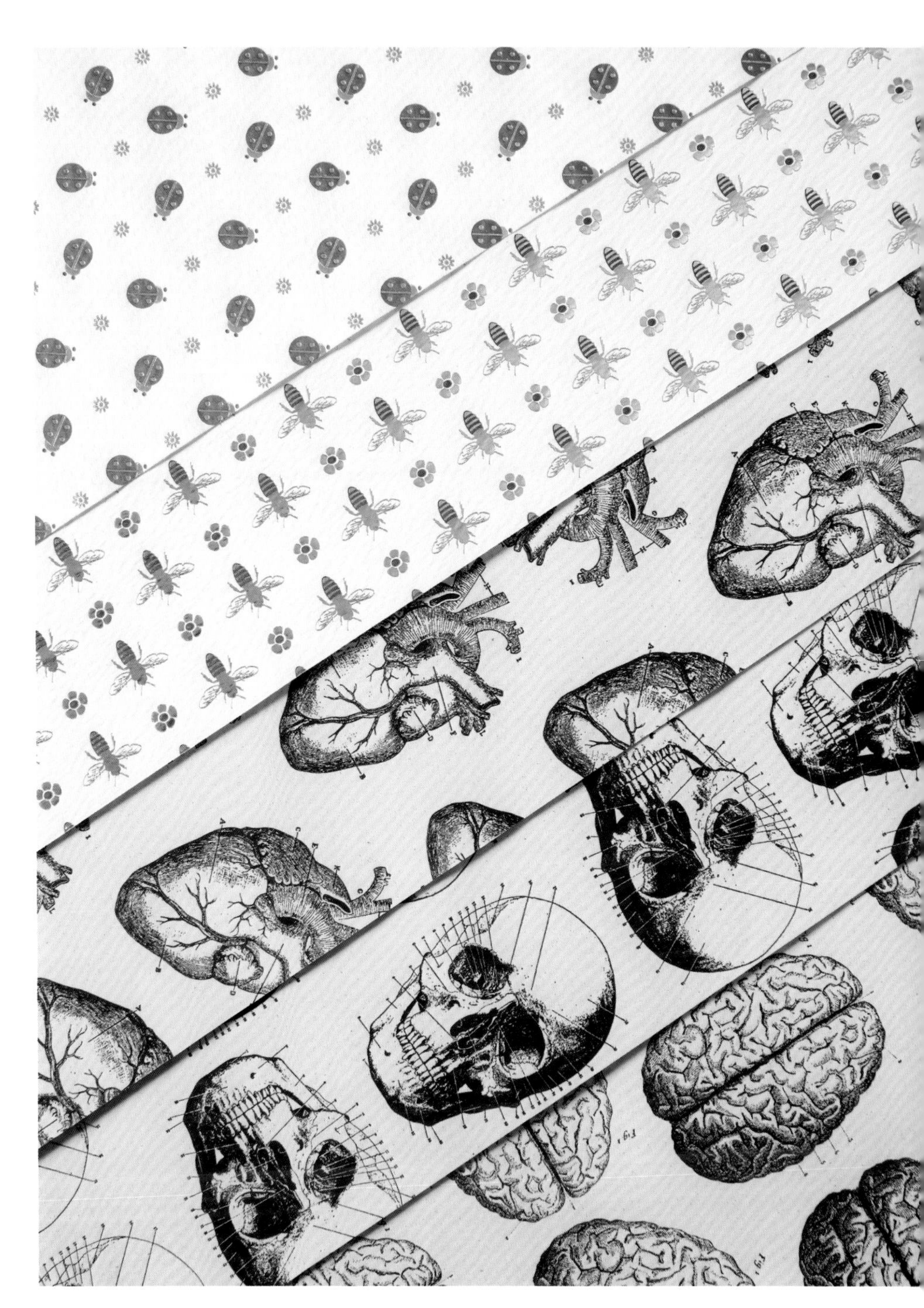

Rossi公司的印花紙。從上方開始依序為：經過燙金加工的瓢蟲圖案和蜜蜂圖案、凸版印刷（活版印刷）的心臟圖案、骷髏頭圖案、腦髓圖案。

義大利

以傳統手法將傳統圖案
濃縮在大理石紋紙中

手染大理石紋紙

Giannini是義大利佛羅倫斯最古老的大理石紋紙工坊。「紙的溫度」販售了許多大理石紋紙，其中Giannini是和我們往來最久的商家。之前在第38頁也提過，大理石紋紙的製作方式是將顏料滴在比重較重的液體中，接著將以專用棒子或筆畫出來的圖案翻印在紙上。據說歐洲人從西元17世紀左右便開始製作，因為呈現大理石般的圖案而得其名，有孔雀、貓眼等各式各樣的圖案。大理石紋紙原本是一張一張手染製成，不過現在利用印刷重現大理石紋的紙張愈來愈多，手染製作的工坊則不斷減少，就連佛羅倫斯也只剩下寥寥幾家。

在那樣的情況下，創業於1856年的Giannini繼承源自文藝復興時代的技法，至今仍持續以手染方式製作。現在是由第六代的瑪麗亞女士接手經營。

日本也有許多人非常熱愛Giannini的大理石紋紙，甚至曾經邀請他們來日本在百貨公司進行現場示範。像是孔雀羽毛般的「peacock」圖案、名稱由來的大理石圖案「marble」等，Giannini十分擅長表現傳統花樣。即便圖案相同，只要改變顏料的顏色，呈現出來的感覺便會隨之不同這一點也是大理石紋紙的有趣之處。居然只用梳子、刷子、棒子等工具就能描繪出這些圖案，技術實在高超。由於是將顏料緩緩流動那瞬間的圖案翻印在紙上，因此製作出來的每一件成品皆有所不同。另外，紙有分成底色是奶油色的紙和褐色的牛皮紙。雖然Giannini除了傳統圖案外，也會描繪一些很有義大利人風格的奇特花紋，不過選用奶油色紙會讓作品散發溫暖感、選用牛皮紙會讓作品充滿復古感這一點也是一大看頭。

Giannini的手染大理石紋紙。

棉紙

充滿大自然氣息的色調
英國最後的棉紙

復古玫瑰色的手抄棉紙。

英國

直到不久前，英國也有一個地方在製作手抄棉紙。那是一間遵循傳統製法的公司，我們過去在法蘭克福的展覽會上經常碰面，但很可惜的是該公司聽說已經停業了。該公司生產的棉紙有復古玫瑰和鼠尾草這2種顏色，復古玫瑰是宛如岩石表面的顏色，另一種則是略帶煙燻感的薄荷色或鼠尾草色。我很喜歡這2種充滿大自然氣息的顏色，但是既然他們已不再抄紙，那麼我想英國現在大概已經沒有人在製作手抄紙了吧。1798年抄紙機、1840年木漿製法的發明，大大改寫了歐洲的紙歷史。隨著高品質紙張開始能夠大量生產，我們的生活因此變得豐富起來，然而得知手抄紙文化正逐漸從一個國家消失，還是讓人不禁心生感慨。

棉紙

從白T恤中誕生的白紙
有各種尺寸可因應用途

棉紙被做成摺紙大小的便條紙。
一本裡面有這些顏色。

加拿大

加拿大原本並不盛行手抄紙，不過近年來卻有愈來愈多製作手抄紙的工坊。「紙的溫度」有販售一間位於蒙特婁，名叫「Saint-Armand」的工坊所製造的棉紙。他們堅持製紙時不使用化學藥劑，製作白紙時是以白T恤為材料，製作藍紙時則以牛仔布為材料。最近棉紙在日本很受歡迎，因為墨水不易暈開，所以成為不少書法家愛用的紙張；另外，我也聽說有些客人會用棉紙繪製水彩畫、版畫、藝術字。這間工坊的棉紙也有明信片尺寸和細長款式，因此像是製作手工邀請函或日曆等等，應該也能運用在其他各種用途上。除了有做成便條紙（上方照片）的棉紙，也有保留毛邊的紙張，非常有質感。也可以當成時髦的包裝紙使用。

在法國到處尋找的烏龍回憶
世上這種紙最齊全的店家是「紙的溫度」

SKIVERTEX

美國

這是美國製造的仿革紙。藉著在作為基底的紙上塗色再進行壓紋加工，讓紙張看起來就像皮革一樣。當初我是因為客人詢問「你們有販售法式布盒用的SKIVERTEX嗎？」才第一次知道有這種紙。所謂法式布盒，是一種用紙或布裝飾盒子的法國傳統工藝。因為品牌名稱為「SKIVERTEX」，又是使用在法國傳統工藝上，所以我一心以為這是法國出產的紙張，結果卻怎麼找都找不到。當我好不容易找到時才知道原來這是美國公司的產品，難怪會一直遍尋不著。還有，SKIVERTEX這個字應該是英文，但是我們都用法文的念法來發音。

自從認識SKIVERTEX之後，我才知道仿革紙並非法式布盒專用，它也是被廣泛用來裝訂書本，以及包裝巧克力、葡萄酒、香水的高級紙張。更重要的是，許多國家的護照封面也都是使用仿革紙。我也曾前往美國的工廠視察製造過程，他們將皮革圖案的模型安裝在圓筒上，同時進行壓紋和含浸樹脂。

目前「紙的溫度」存有的圖案為基本、豬皮、標準、皺褶、石紋、蝦子、鴕鳥、鴯鶓、蜥蜴、鱷魚、美洲鬣蜥、錘擊、金屬、凹陷、虹彩、織紋、籠目、磨砂革、Vicuana、麻紗，一共20種。豐富的皮革種類固然令人驚訝，不過SKIVERTEX的商品如此齊全的店家全世界恐怕也只有我們了。因為每種圖案都各自有不同的顏色，所以款式共計超過100種，多到連美國總公司的人來看了都大吃一驚。除了法式布盒外，也有人會買來用在法式裱框、製書，甚至是摺紙上。

照片左起為：鱷魚（2色）、美洲鬣蜥（2色）、鴯鶓（2色）。

不同於和紙的狂野草木染
散發濃濃的藝術氣息

草木染亞麻紙

美國原先並沒有抄紙的傳統，多半是年輕人在得知手抄紙的魅力後才開設工坊自己製作，而Cave Paper也是其中之一。這間工坊是由幾位具有藝術家氣息的人們於1994年創立於美國明尼阿波里斯市。

他們主要抄製的是麻紙，使用比利時生產的亞麻作為原料。紙也是自己染色，尤其擅長讓紙張留白的藍染、核桃染這類草木染。除此之外，他們也挑戰嘗試柿澀染。其作品給人的印象與和紙的草木染大不相同，散發出一種狂野大器的感覺。除了均勻染色外，這間工坊也染出有如斑駁的細小圖案和大膽的大型花紋，每一張染色紙都獨具特色。他們還會為染色紙命名，例如染成黑色一般的深綠色作品名為「Monsoon＝季風」，而他們對這張紙的說明是「這個濃郁的藍綠色，表現出為沙漠帶來甜美生機的夏末雨季」。還有，深濃的土黃色紙張名稱是「High Noon＝正午」，說明是「這張猶如在西南部的夏日被熾烈陽光曝曬過、樸素而立體的黃色紙張，是用刷毛在手抄亞麻紙上反覆塗抹石榴染料製成」。另外像是「Petrichor＝雨後從地面散發出來的氣味」等等，從這些紙張的名稱中可以清楚感受到他們的藝術氣質。

我們從很久以前便開始販售這間工坊的紙。之所以如此，是因為在「紙的溫度」剛開幕沒多久的時候，便有美國人主動來詢問要不要在店內販售這種紙，而對方正是Cave Paper的人，當然後來我們也就欣然答應了。當時，他們也有製作以老舊牛仔衣物為原料的棉紙。

Cave Paper的亞麻紙。照片左邊為靛藍染、右邊為柿澀染。

羊皮紙

紙張誕生之前的紙
藝術字愛好者們的憧憬

照片上方為山羊皮羊皮紙，下方為綿羊皮羊皮紙。

美國

目前已知，羊皮紙是繼莎草紙（第57頁）之後被開發出來的書寫材料。羊皮紙誕生於西元前2世紀左右，做法是將綿羊或山羊的皮經過石灰處理，然後研磨到光滑且帶有光澤。當初是從安納托力亞（現在的土耳其）流傳至歐洲，而後普及。歐洲人即便從西元12世紀開始造紙，依舊將羊皮紙當成高級的書寫材料繼續使用。和莎草紙一樣，羊皮紙嚴格來說並非紙張。「紙的溫度」販售的是美國生產的羊皮紙，那間羊皮紙工坊恐怕是全美國唯一一家。儘管價格非常昂貴，依然深受手寫藝術字的老師們喜愛。雖然可能沒辦法隨意拿來使用，不過既然藝術字正是為了有效地美化昂貴的羊皮紙而生，那麼自然會想要用羊皮紙書寫看看了。

玉米葉紙

綠色葉子經過乾燥變成卡其色
富有循環再生精神的嘗試

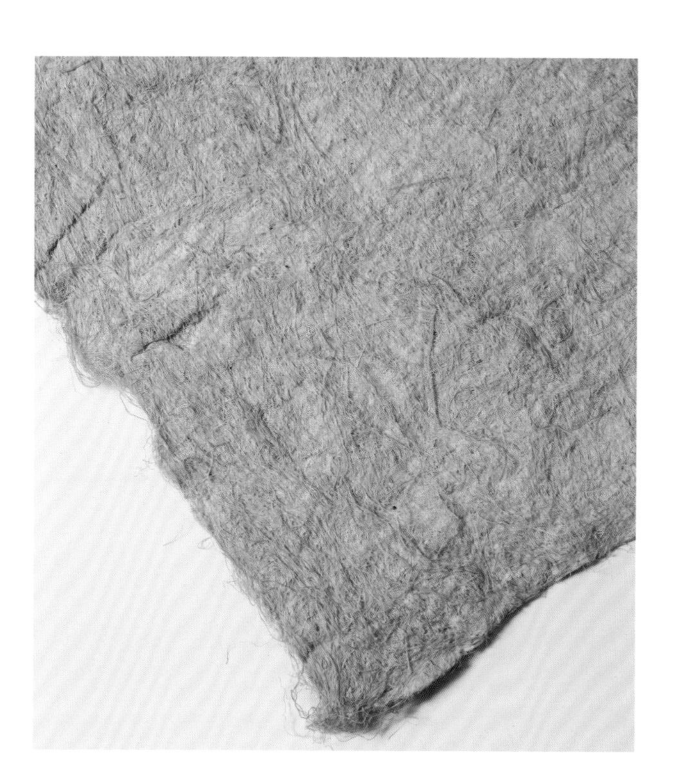

可以清楚看見紙上的玉米葉纖維。

哥斯大黎加

這款來自哥斯大黎加的有趣紙張的原料是玉米葉。用玉米製紙的點子實在超乎日本人的想像。其做法應該是敲打葉子後以溜漉法製成，而黃綠色的葉子在經過乾燥後會變成卡其色，整個過程十分豪邁。除了玉米葉之外，哥斯大黎加的紙還曾經以香蕉莖的纖維作為基底，加入椰子屑、辦公室的回收紙和花的莖、印刷廠的廢紙、咖啡豆的皮來製作。嘗試利用各種回收材料製紙的做法相當具有挑戰精神。紐約的公司曾經在1990年代後期訂購這些紙張，只不過這樣獨特的發想儘管吸引人，但最後還是因為沒有任何用途而告終。這麼一款不實用卻趣味十足的紙，實在讓人很想一探究竟。

發揮自學獲得的技術
大理石紋紙的創新表現

手染大理石紋紙

巴西有大理石紋紙？或許有很多人會覺得奇怪，大理石紋紙是怎麼從歐洲傳到南美。製作這個大理石紋紙的人，是生於1973年的Renato Crepaldi先生，他的父親是義大利人，母親則是日裔巴西人。我原本以為他的技術是從父親身上學來，但事實上他完全是靠著看書努力自學，而且還曾經在日本住過一段時間。

他是從2002年開始製作大理石紋紙，之後沒多久便親自將自製的大理石紋紙帶到我們店裡，雙方從那時起便一直往來至今。

他的大理石紋紙的風格，和先前介紹過的瑪麗・安妮女士（第38頁）、傳統的義大利工坊Giannini（第60頁）都不相同。據他表示，他在結合傳統技術與現代設計概念的過程中找到迷人之處。另外，一般大理石紋紙是使用水彩顏料，但他使用的卻是壓克力顏料，在創造霧面質感的同時也提高耐久性。此外，在歐洲，用來描繪大理石紋的紙張一般是使用白色或原色的淺色紙，然而他卻使用深色紙張，並且經常選用珍珠光顏料，將圖案強而有力地突顯出來。他的大理石紋紙是充滿躍動感的立體作品。身為畫家兼博物學家的約翰・詹姆斯・奧杜邦（John James Audubon），曾在1827年發行一本名為《美國鳥類》的超大型圖鑑，而日本在製作該書的複製本時，選用了這個手染大理石紋紙做蝴蝶頁，讓Crepaldi先生非常引以為傲。這本圖鑑原先一直被譽為美國人出版的書籍之中最具價值者，不過複製版同樣也是一套4冊超過300萬日圓的珍貴稀有書籍。近年來，Crepaldi先生也運用大理石紋的加工手法，積極投入藝術作品的創作。

巴西製造的大理石紋紙。原紙多半使用深色紙。

在日本人的技術指導下誕生
紙張帶來新工作的喜悅

Kulaa亞馬遜叢林紙

亞馬遜叢林紙上隱約可見原料的植物纖維。

巴西・亞馬遜叢林

Kulaa是生長於亞馬遜叢林的植物，是鳳梨的親戚，美洲原住民一直以來都用它製作繩子。這款紙是因為第168頁介紹的金刺潤平先生以國際協力機構的技術專家身分，被派遣到當地進行技術指導而誕生。亞馬遜叢林位處熱帶地區，當地生長的植物種類繁多。金刺先生為了防止亞馬遜叢林沙漠化，以及提升貧困階級人民的生活水準，於是請亞馬遜流域各地的居民將各個村莊的草和植物類農產廢棄物帶來，持續製造紙張。其中最為成功的就是這個Kulaa。見到生活周遭的植物能夠製成紙張，自己也有了新的工作，村民們想必一定很開心吧。這個單純而樸素的紙張，可說為當地人帶來了新的希望。除了巴西，金刺先生也積極前往海外，在亞洲各國和歐洲開辦工作坊，並且在烏茲別克的古都撒馬爾罕為了復原復興絲綢紙（silk paper）而盡心盡力。

大象紙

大象幫忙抄紙工程
內藏故事的趣味性

隱約可見原料，帶有厚度的大象紙。
也有色紙，照片左起為：白色、黃色、紅色、褐色。

斯里蘭卡

各位一定很好奇大象紙是什麼樣的紙張吧。不用說，當然不是用大象作為原料，而是原料中含有大象的糞便。在日本也有名為馬糞紙的厚紙，不過那其實是以麥稈為原料，純粹是因為外觀而被冠上馬糞之名，實際上裡面並沒有糞便，反觀這款大象紙卻是真的加入了糞便。各位也許會覺得很髒，但其實完全沒有那回事，請大家儘管放心。從大象吃稻稈和草到消化後變成糞便為止的整個過程，據說和西洋紙的抄紙工序一模一樣。只要將其和舊紙一起抄製，就成為保有纖維的樸素紙張。我是有一天得知動物園有在賣這種紙，心想「這應該會成為有趣的話題！」於是將其找出來。即便一開始合作的商家不再製作了，我仍努力不懈地尋找，終於又讓我找到新的製造商。大象紙雖然沒有多大的特色，但知道這種紙具有如此吸引人的故事性後，還是會讓人想要進貨擺在店裡。

麻紙

這款手抄紙具備麻特有的強度
源於出色的技術、豐富的知識以及獨特的發想

上面2張是模型用的浮水印紙。
褐色是未漂白，下面的白色是經過漂白的麻紙。

德國

這是德國人Gangolf Ulbricht先生在柏林抄製的麻紙。他過去曾在德國的製紙公司擔任技術員，之後離職來到日本，花費1年時間到處造訪和紙產地。我就是在當時與他結識。Gangolf先生非常積極地學習製作和紙，後來回到德國開設工坊。他是個聰明靈巧的人，不僅通曉流漉法和溜漉法，對於西洋紙和手抄紙也都具備充分的知識。這個麻紙是仿效和紙的做法抄製而成。歐洲人一般無法抄製得如此漂亮，通常都會有斑駁不均的狀況發生，但唯獨能夠抄製和紙的Gangolf先生辦得到。

他也有在製作模型用的浮水印紙，分別為箭頭圖案的款式，以及將咖啡桌頂板的壓紋圖案翻印下來的款式。這樣的發想實在非常獨特。世界上從事手抄紙的人們多半都很忠於自己的堅持，而且想法與眾不同。

箔紙

你的是哪種圖案？
閃閃發亮的華麗感十分迷人

以非常細緻的壓紋表現圖案。

德國

日文原書內附的閃亮紙張就是這款箔紙。你拿到的是什麼顏色、什麼圖案呢？和紙張底色同色系的圖案浮現出來，看起來就像織物一樣。石紋、一圈一圈的漩渦、唐草風格、阿拉伯風格等等，「紙的溫度」隨時都備有10種款式。這種紙在德國和歐洲非常受歡迎，除了經典圖案外，還有許多聖誕節、情人節這類季節限定的圖案。顏色也是從土耳其藍、橘色等鮮豔色，到褐色、深綠色等沉穩色都有。只要定睛仔細觀察，應該可以看出上面劃有非常細的線條。這個線條會反射來自各個角度的光線，形成圖案浮現出來。如果用這個紙包裝禮物、製作飾品，立刻就能營造出華麗的氛圍。「紙的溫度」每年擺放的聖誕樹也都會使用這款紙作為裝飾。

專欄

對紙無所不知的人物 深愛植物的宍倉佐敏先生

在河灘上挖洞抄製的不丹紙、從工坊附近的花田採摘花草一起抄製的法國花草紙、南國的各種樹皮紙、加入大象糞便的斯里蘭卡紙……我想各位看到這裡，應該已經很清楚世界上有許多各式各樣有趣的紙張了。之前也已提過每種紙的原料、抄製方法、加工方式都有所不同，但畢竟「紙的溫度」店內有超過上萬種紙張，而且數量還不斷地增加，因此龐大的資料讓人光想到就快要昏倒。多數人即便看著眼前抄製好的紙張，可能也回答不出來這張紙的原料是什麼。花岡先生和「紙的溫度」的員工儘管都是紙的專家，但依舊還是有不懂的地方。而每當遇到不懂之處時，宍倉佐敏先生便是大家最強的後盾。宍倉佐敏先生是花岡先生口中敬重的「紙張老師」。

「無論和紙還是西洋紙、手抄紙還是機器抄紙，不懂的事情只要問宍倉先生，他一定都會立刻給出答案。宍倉先生不僅看到紙馬上就能知道原料是什麼，他本身對於植物相關的知識也可說非比尋常。他喜歡聽正在抄製和紙的聲音，而且光用聽的就能分辨出對方的技術好不好，這樣的能力實在令人佩服。」

宍倉先生出生於1944年，是靜岡縣沼津市人。進入西洋紙製造公司「特種製紙（現為特種東海製紙）」任職，在綜合技術研究所和資料館準備室從事製紙用植物纖維的相關研究長達約40年。屆齡退休後開設「宍倉紙實驗室」，進行紙的纖維分析、調查研究及試做。上班族時代的前半段主要是研究西洋紙的主要纖維木漿，後半段則是以研究西洋畫紙和fancy paper的原材料為主。

想要製造紙張，研究植物纖維是絕對不可或缺的。尤其西洋紙使用的紙漿種類眾多，唯有了解每個樹種的纖維特性，才能針對目的做出「應該如何使用什麼樣的纖維，才能做出便宜、品質又好的產品」的判斷。

「總之，我就是不停地用顯微鏡觀察纖維。比方說，美國的南方松有4種。所有纖維都會有名為核孔的空洞，而這4種南方松的核孔形狀有的是正圓形、有的是橢圓形，每種都不一樣。於是我親自動筆把用顯微鏡放大的纖維畫下來，記在腦子裡。唯有觀察植物的纖維和變成紙張後的纖維並記住它，讓自己一見到這個形狀就能鎖定是哪種植物，才能累積知識。」

因此，據說宍倉先生以前曾拜託商社等經常到國外出差的人幫忙帶木片回來。人們一般多以「木漿」來統稱，但是其實只要仔細研究，就會發現裡面有好多不一樣的樹木。關於至今見過多少纖維這個問題，宍倉先生的回答是「我不記得耶，大概有幾萬，或是幾十萬種吧」，數量實在驚人！詢問之下，宍倉先生透露當初公司要求他研究木漿時，他便下定決心「我要看遍全世界所有能夠製成紙的植物」，還說把那些植物全部記住是自己的夢想。不過，因為夢想不是可以到處宣傳的東西，於是宍倉先生便默默地持續進行研究，而那樣的他其實從年少時期就非常喜歡植物。他至今依然愛用的顯微鏡，是從1935年左右用到現在。那是別人在他年少時讓給他的二手貨，因為從那時起便一直接觸大自然，不斷地被用來放大觀察畫素描，所以那台顯微鏡可謂身經百戰。

在尼泊爾向當地人介紹
日本抄紙方法的宍倉先生。

「儘管如此，還是有我從未見過的植物。」

那種時候，就打開記載全世界植物的圖鑑，找找看有沒有類似的纖維吧。

宍倉先生過去在製造西洋紙的公司工作，一直都從事木漿的研究，那麼他究竟是從何時開始接觸和紙呢？關於這個問題，他回答：契機是研究木漿第3年的海外之旅。

「我在美國、加拿大研修技術時，有許多人問我關於和紙的問題，可是我卻無法明確地答覆。於是回國後我便決定研究和紙，還去拜訪關東和中部的和紙產地。」

回國後調職到岐阜工廠一事，也非常有利於他研究和紙。當時他花了1小時騎機車到和紙的代表產地美濃拜訪抄紙匠，表明自己想要幫忙，結果對方非常高興地答應了。

「因為這完全就是一份勞力工作啊。」

機器抄製的西洋紙，手工抄製的和紙。在同樣是「紙」卻截然不同的2個世界穿梭，讓宍倉先生的知識變得益發豐富且具有深度。和西洋紙一樣，他不斷分析、記錄和紙的纖維，也分析舊時的製法和原料纖維。由於工作之便，他獲得許多機會前往大學的研究室、宮內廳、國立公文書館，接觸一般人無法觀賞的國寶級資料。無論西洋東洋、過去現在，所有的一切都在鑽研紙張和植物纖維的宍倉先生身上串聯起來。不只是研究而已，他也積極前往現場累積實地經驗，因此能夠做出明確的判斷而不會流於紙上談兵，也能以宏觀的角度比較對照各項要素。非但如此，他還在田裡栽種三椏樹，自己抄製紙張。

「如果說西洋紙是重視紙張的使用目的，透過打漿這個步驟改變纖維性質所製成的『人工製品』，那麼和紙就是發揮植物纖維所擁有的特性，借助清水和黏合劑的力量，將纖維重新排列成天然樣貌的『天然製品』。」

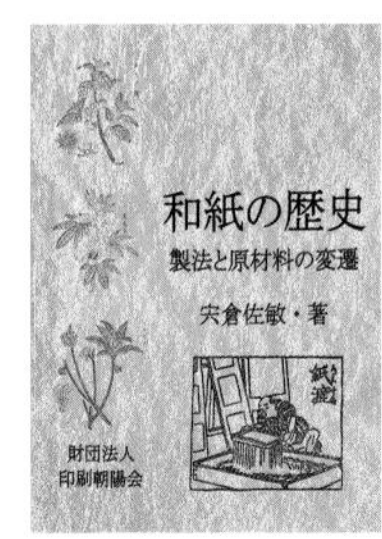

宍倉先生編著的書籍（書名皆暫譯）。
右）《和紙的歷史 製法與原材料的變遷》
（財團法人印刷朝陽會刊）、
左）《必攜 古典籍古文書 料紙事典》
（八木書店刊）

宍倉先生的這番話讓人心有同感。和紙有著天然製品特有的韻味和質感，即便原料相同，纖維的粗細、長短也會隨地質和天候而改變；即便產地一樣，不同人抄製出來的成品也會有所不同。這一點讓和紙充滿魅力，卻也讓人很難判別原料和抄製方式。

「由於和紙沒有一個固定的比較基準，所以在修復文化財時，也很難判定這是什麼紙張。即便是在大學的研究室裡，老師也不知道應該如何教導學生。深知這種狀況的宍倉先生告訴我們，他有一本歷經多次失敗才完成的樣品本。」

花岡先生一邊這麼說，一邊拿出來的是《纖維判定用 和紙見本帳》（發行、發售：紙的溫度）。這個樣品本中收錄了以楮樹、三椏、雁皮這幾種主要的和紙原料，以及在原料中加入麻、竹抄製而成的紙張，一共21種。為了方便判定纖維，宍倉先生特地納入茨城的那須楮和福岡的八女楮這2種不同產地的楮樹，另外還改變煮熟纖維時的藥材（木灰、蘇打灰等）來抄製。

完成樣品本最辛苦的一點，是「21種紙全部都得由同一人抄製。而且為了確保水質相同，必須在同一個地方抄製」。這項任務的難度雖然很高，但如果不在相同條件下抄製就無法作為判定基準。所幸，當時在京都黑谷抄製和紙的林伸次先生（現任黑谷和紙理事長）願意接下這項任務。於是在宍倉先生的指導下，他們花費1年半的時間，終於將所有紙張隨著製法的詳細記錄抄製完畢。就這樣，令紙張修復家、保存科學研究者、大學和研究所的研究室、博物館和美術館的館員們期盼已久的樣品本完成了。這本手掌大的小小樣品本中，蘊藏著宍倉先生經年累積下來的龐大資料的一部分。

花岡先生以堅定的語氣說道。

「他真的是『紙人』。我想他的五感全都用來感受紙張了吧。紙張業界有宍倉先生

纖維判定用
和紙見本帳

這樣的人在，實在是太棒了。真希望有更多人知道他的存在。」

聽完宍倉先生的事蹟後，我深刻明白：了解紙張也能了解歷史與文化。比方以料紙（文書等書寫文字時使用的紙）為例，中國因為只有漢字，所以運筆速度較慢，紙張不具強度也沒關係。反觀日本因為有漢字和假名，運筆速度較快，所以紙張必須具備一定的強度。在抄紙時使用黃蜀葵等的黏液來幫助分散纖維是和紙特有的做法，因為黏液能夠維持纖維的長度，抄製出美麗強韌的紙張。另外，據說宍倉先生只要看過文書等具有歷史的紙張，就能看出書寫者的地位和教養。

聽了這麼多，我忽然覺得好不可思議。所謂的「紙」究竟是什麼？雖然這個問題實在太基本，我還是下定決心問了宍倉先生。

「我想，每個人對於紙的想法各有不同。在我看來，紙的條件是要可以寫字或是印刷，但卻也有人不這麼認為。比方說，以前我和花岡先生一起去尼泊爾時，當地人說他們有用香蕉纖維製成的紙。看過那間工坊的設備後，我心想這是不可能的，因為就憑那些設備根本無法做出可以寫字的紙，但他們卻認為只要變成片狀就是紙張。這就是彼此定義不同的問題了。」

原來如此！我再次恍然大悟。

「紙的溫度」為了教育員工，會邀請宍倉先生擔任講師舉辦讀書會。有時，一些愛好研究的顧客也會一同參加。對沉浸徜徉在浩瀚紙張世界的人而言，那想必是一段幸福的時光吧。深愛紙張、植物纖維及植物本身的宍倉先生還有一項嗜好是種植盆栽，而他之所以會開啟這項興趣也是因為「我想試著栽種可以做成紙的植物」。他果然是如假包換的「紙人」。

日本和紙

大雪地區特有的「寒ぐれ」和「雪晒し」
藉此讓和紙變白的奇妙手法

藍絞染紙、紅花漉込紙——月山和紙

山形・西川

月山的日文發音是「gassan」。當地自古便是和紙的產地，但戰後從事這行的人數銳減，現在只剩下「大井澤工坊Sanpo（大井沢工房さんぽ）」的三浦一之先生和另一間還在抄紙。三浦先生原本是上班族，後來在35歲時投身和紙的世界。他在埼玉縣小川町學藝7年後，遷居到月山和紙的產地西川町。因為他聽說西川町於1989年落成的「自然與匠的傳承館」當時正在尋找抄紙匠。

三浦先生是使用地楮（當地的楮樹）和高知產的土佐楮、茨城產的那須楮進行抄製。由於北海道沒有楮樹，因此其生長範圍最北就只有到東北地方。月山在製作和紙的過程中，有「寒ぐれ（kangure）」和「雪晒し（yukizarashi）」這2道工序。寒ぐれ是將抄好的紙埋在冬天的雪裡，直到天候穩定的3月過後再挖出來。雪晒し則是指將剝掉樹皮、煮熟後的原料排在雪上面，放在陽光下曝曬。這時，紫外線會破壞楮樹的色素，使其變白。因此，未經漂白的和紙即便在抄製完成後，也會產生逐漸變白這種西洋紙所沒有的獨特現象。三浦先生會在完成寒ぐれ、雪晒し之後，將紙放在木板上曝曬陽光。

我認為三浦先生可能是東北最努力的人了。也有日本畫家非常愛用他生產的紙張。素面的和紙雖然也很好，不過抄入紅花的和紙更是受到歡迎。山形是紅花的產地，於是他將其作為原料。以前他也製作過抄入山葡萄和筍皮的紙張，後來才固定使用紅花。紙張有好幾種厚度，厚款可以貼在書本封面或箱子上，欣賞其美麗的花紋。另外也有書法用的細長薄款。每一張紋路皆不相同是藍絞染紙的魅力所在，也有人會將其做成掛毯、門簾使用。

照片左起為：藍絞染紙2種、紅花漉込紙。
藍絞染紙是以各種技法進行染色。

在與伊達政宗、片倉小十郎有淵源的土地上
僅存一間的紙子工坊

拓本紙——白石和紙

宮城・白石

白石和紙過去在伊達政宗的殖產獎勵保護政策下急速發展為一大產業，並成為重臣片倉小十郎領內百姓們在冬季農閒時的副業，供應給東北各地。從前在白石從事和紙產業的人們，由於是使用楮樹中的某種構樹作為原料，故自稱「構樹會（かじの木会）」，這也成為白石的特色。最後一間製造白石和紙的工坊在2015年歇業，歷史眼看就要中斷，但所幸在當地有志之士的努力下現今仍延續著。而我想要介紹的是「佐藤紙子工房」。紙子也寫成紙衣，意為用來做成衣服或服飾配件的紙張。在源自戰國時代的傳統紙子即將消失之際，原本經營和服店的佐藤忠太郎先生（已故）表示「不能讓和紙和服從白石消失」，便放棄本業，轉而投身紙子製作。並且，他還在以蒟蒻漿糊強化的和紙上使用轉印雕版圖案的「拓本」技術，製作拓本紙。佐藤先生所擁有的古老雕版中，有些圖案已不太清晰，相當具有時代感。忠太郎先生過世後，現在由他的次子的太太文子女士繼承工坊、製作拓本紙。工坊雖是以在染色紙上轉印雕版圖案為主，不過「紙的溫度」也有請他們幫忙特製將圖案的部分用白色轉印的紙張。由於圖案的部分變白，讓傳統作品充滿了時髦感，十分有趣。紙子輕盈柔軟的特性除了衣服，也很適合做成包包、名片夾等。

順帶一提，與伊達政宗敵對的真田幸村在戰死於1615年大坂夏之陣的前一天，曾偷偷地將第5個女兒送到片倉小十郎身邊。後來，他的4名子女也都被迎入白石城。因為這個緣故，片倉小十郎繼承了真田紐，真田紐也從此在東北廣為流傳。為了了解紙張而接觸到意想不到的歷史，對我而言是一件非常有趣的事情。

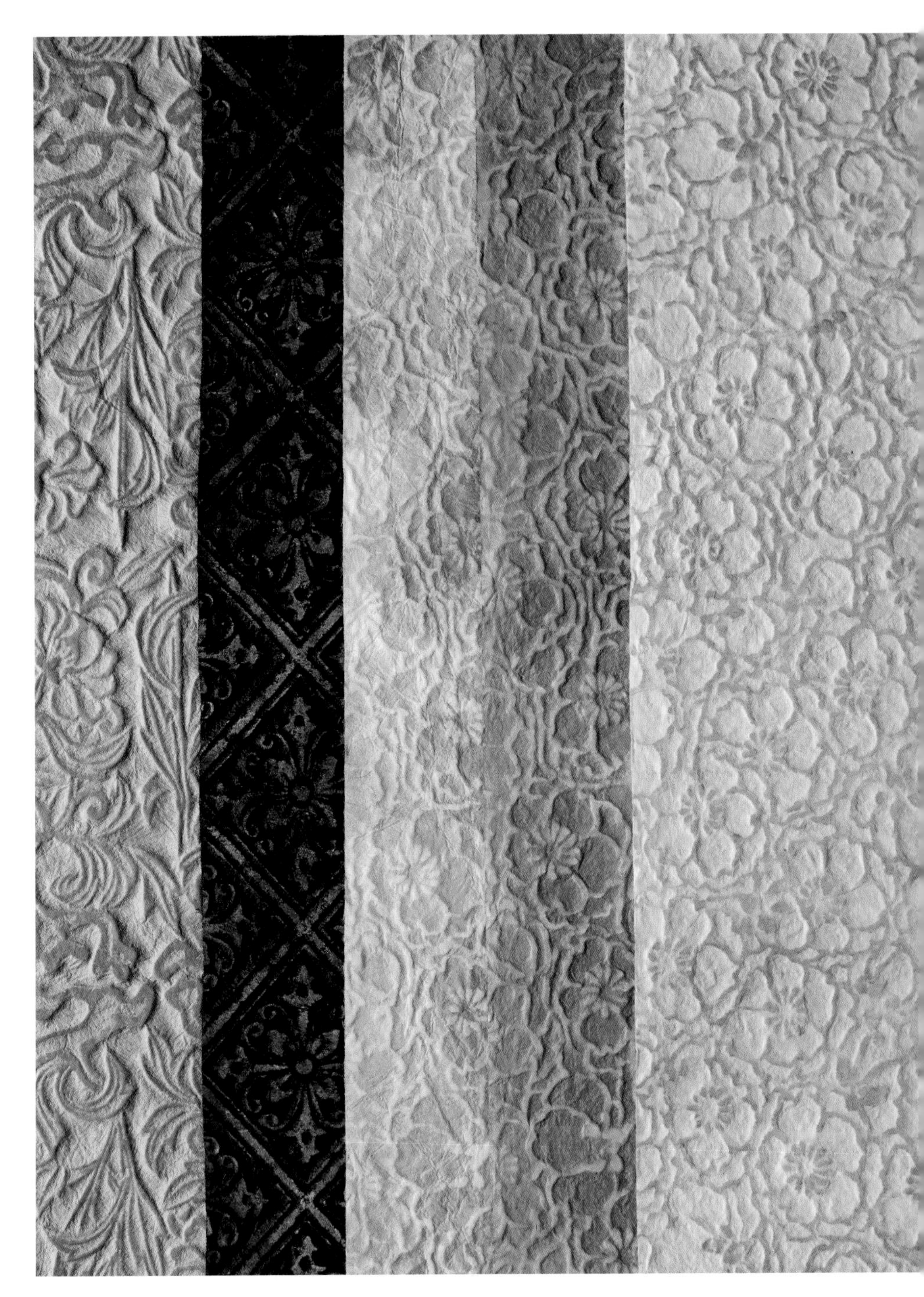

翻印木版凹凸紋路的拓本紙。
顏色、圖案眾多，像是不同顏色的相同圖案等等，種類十分多樣。

西之內紙

一提起關東的和紙，自然會想到這片土地透可見光的白紙之美

以高品質的原料：那須楮製成的西之內紙。
照片為未經漂白的紙張。

茨城・常陸大宮

對日本人而言，和紙多半是指以楮樹製成的紙張。這可能是因為楮紙自古以來，便被廣泛製作成格子門、紙拉門等表具（譯注：紙糊的室內用品），以及古文書之一的奉書等等。每個地區都有楮和紙的產地，並以當地的名稱命名為〇〇和紙。關西是杉原，東海是美濃，至於關東「和紙」的代名詞，不是細川，就是這裡要介紹的西之內。茨城縣大子町栽種的「那須楮」被認為是頂級楮樹，可以製作出品質優良且柔軟的和紙。大子町附近的西之內便是使用那須楮。常陸大宮「紙之鄉」的菊池先生所抄製的西之內紙非常均勻、不帶一絲雜質，十分美麗。請各位有機會務必要拿起來放在光線底下欣賞，相信一定能親身體會到白色楮紙之美。有許多使用和紙創作的人都說「非用菊池先生的紙不可！」對於優良的材料，以及菊池先生對抄製和紙的認真態度給予很高的評價。

摺紙原紙

大尺寸的正方形紙張
深受摺紙愛好者歡迎

紙的溫度有販售小川和紙60公分見方和30公分見方共28色的摺紙。

埼玉・小川

摺紙的大小一般都是20公分或25公分見方，埼玉縣小川町的「鷹野製紙所」卻有製作60公分見方的大尺寸。抄製60×90公分的紙，然後從中取最大尺寸的60公分見方裁剪下來。因為尺寸很大又是正方形，相當受到摺紙愛好者們歡迎。而這也是因為要自己從這麼大張的和紙中裁出正方形很困難，所以大家才為此傷透腦筋。

雖然現在的摺紙作品摺數很多，大家因此喜歡選用摺起來不會過厚的薄紙，不過該工坊也已經克服了這一點。另外，近年來製作以有色原料抄製的「先染」色紙陷入相當困難的境地，鷹野先生卻在這種狀況下開發出多種顏色，讓人倍感珍貴。小川和紙擁有悠久的歷史，但如今只剩下鷹野先生和另一間有在從事機器抄紙了。

因「不想浪費」而生的原創紙張
無數條線躍於紙上

流泉紙

埼玉・小川

這種紙好比蜘蛛網一般布滿無數線條，非常不可思議。抄製這種紙的，是在埼玉縣小川町旁經營「鶉堂」的新井悅美女士。她是在距今約莫40年前，一邊帶小孩、一邊獨自開始抄紙。流泉紙這個名字，據說是取自她婆婆的戒名「空祥雲流泉大姊」。當初新井女士之所以開始抄製如此獨特的紙張，是因為她丈夫家中從事紡織的工作，而她覺得把那些多餘的線丟掉很浪費。在木框釘上許多釘子，把線掛上去，然後抄紙、晾乾，再從框上剪下來。雖然寫成文字就只有這樣，但無論是打釘子、鋪線、抄製，還是剪下，全部都是手工作業，所以十分累人。

新井女士非常喜歡和紙，喜歡到甚至擁有自己的楮樹田。即便有人勸她「既然這種紙如此費工，妳何不把價格提高呢」，她也是回答「我只是想把紙留存下來，所以只要能夠抄製就覺得很開心了」。她真是一個無欲無求的人。

除了整版（60公分×82公分）外，她也有抄製圓形、方形，以及99公分×147公分的特大尺寸。一想到製作出這樣一張紙需要耗費多少時間，就讓人覺得頭昏腦脹。另外，在我們的提議下，她也有製作塗上柿澀的產品。我認為這個流泉紙非常適合運用在室內裝潢上。做成燈罩會讓透光方式變得獨特，此外也很推薦做成掛毯。雖然不只日本，如今國外也有人使用這種手法製紙，不過創始者無疑正是新井女士。這是因「不想浪費」而生的獨創紙張。

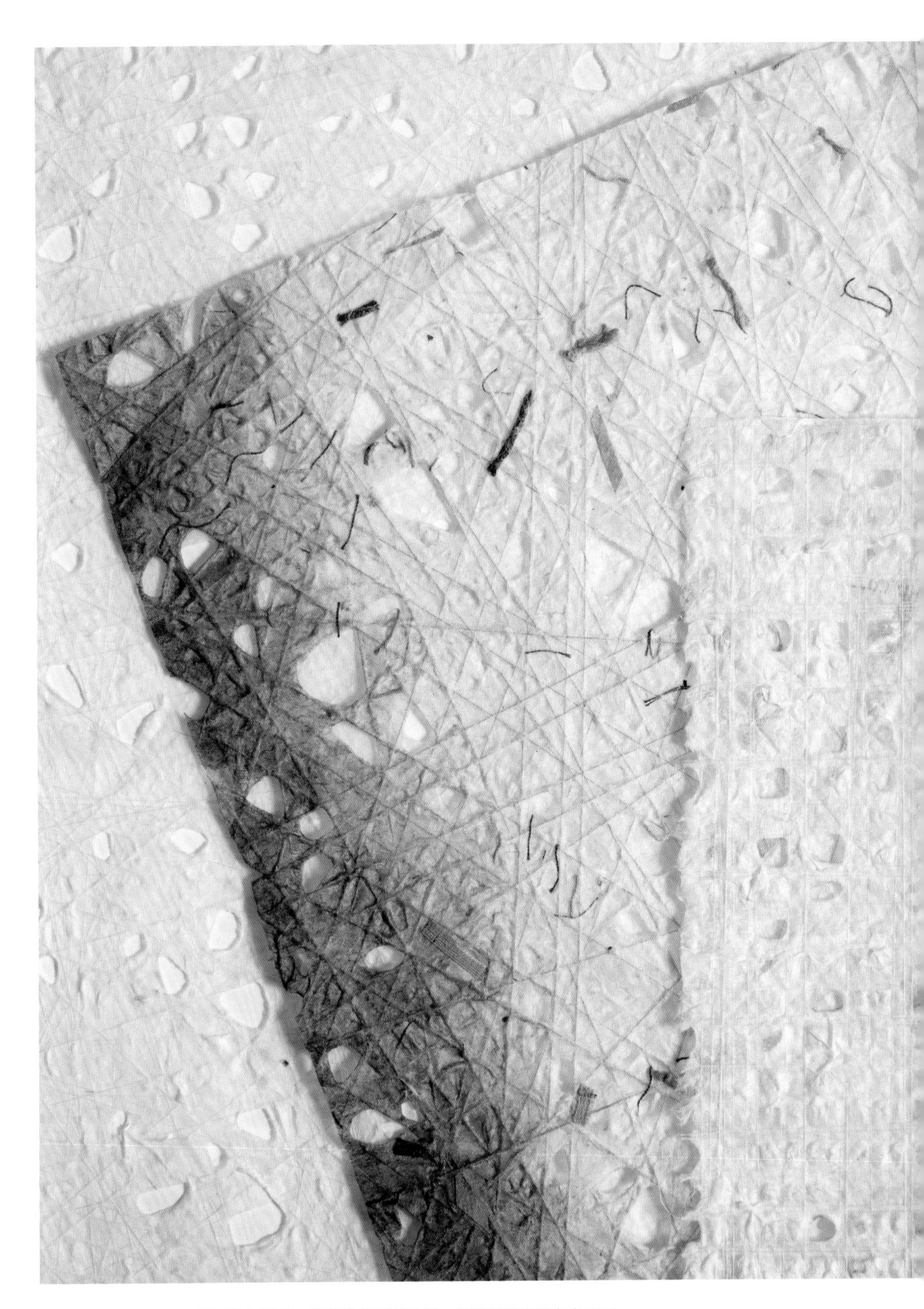

經過染色的紙、線條貼法不同的紙，每種紙的韻味各有不同。

繼承傳統
同時運用化學知識開拓和紙的未來

無添加和紙、漉込美術工藝紙、文庫紙——小川和紙

埼玉・小川

小川町「久保製紙」的第五代傳人久保孝正先生出生於1982年，是一位積極學習化學藥品和染色、對和紙的未來很有想法的年輕人。久保製紙除了正統的小川和紙外，也有抄製其他許多種類的和紙。無添加和紙一如其名，製作過程中完全沒有使用任何化學藥品。就連用來讓楮樹纖維在水中均勻擴散的黃蜀葵，他也選用沒有加入化學防腐劑的種類，至於煮熟則是使用向當地披薩店要來的灰。外觀儘管並不特別，不過沒有使用化學藥品就表示這是「可食用的紙」。

久保製紙也有製作以獨特色調，對楮紙進行斑駁染的染楮紙。久保先生命名為「漉込美術工藝紙」。此為以雲龍般五彩斑斕的纖維在表面加上圖樣，有時還會加入黃金的豪華揉紙。經過蒟蒻漿糊加工後，紙質相當強韌。

再來介紹另一種紙：文庫紙。這種紙也應用於製作和紙人偶，乾燥時，會將用來貼紙的木頭山紋直接轉印上去。山紋紙在日本各地到處都有，不過山紋會如此清晰，就表示那塊木頭用了非常久。木頭會隨著時間過去愈來愈乾燥，木紋的凹凸也因此變得更加明顯。另外，這個山紋很大，可見應該是從相當巨大的樹木鋸下來的。

聽說久保先生近幾年也開始為書法和版畫用紙進行土砂引（譯注：將「燒明礬和膠的混合液」塗抹在紙或布上，防止暈染）加工。當初是因為之前從事土砂引的人跟他說不做了，他才決定接手。如果是正職的版畫家或書法家就另當別論，但土砂引這項作業既需要場地、難度又高，要以此為嗜好的人自己動手調整出自己喜歡的暈染程度十分困難。久保先生的新挑戰想必解決了不少人的困擾吧。

照片左起為：漉込美術工藝紙（2種）、無添加和紙、文庫紙。

設計師特有的品味與感受力
運用浮水印技法的蕾絲和紙

蕾絲和紙

群馬・前橋

製作可愛「蕾絲和紙」的田村智美女士原本是一位生活消費財製造商的設計師，後來才投身和紙的世界。我是在田村女士還在製造商任職時和她相識。田村女士出身於東京藝術大學美術學系的設計科，是一位會利用假日到處造訪和紙產地的愛紙之人，她曾經跟我說「希望有一天可以成為抄紙匠」。後來她真的在快要30歲時辭職，一開始先到土佐和紙的產地高知學藝7年，接著又前往埼玉縣東秩父村，成為細川紙技術保存者鷹野禎三先生的徒弟。她一邊在鷹野先生的工坊「紙工房鷹野」努力製紙，一邊利用下班後和假日的時間製作自己的作品。

據說她是在前往高知之前便有了運用「浮水印」技法製作蕾絲和紙的想法，後來到了高知才開始實踐。做法是將她自己設計的紋路雕在紙型上後，鋪在紗布上，接著再縫在竹簾上抄製，如此便可呈現出浮水印圖案。至於她所設計的浮水印圖案，從更紗紋樣的小花和花穗、三葉草、名為南天竹的花朵圖案，到雪花結晶、機器人、玫瑰花和紙牌的搭配，以及在抄製成圓形的和紙上呈現的俄羅斯娃娃、童話故事、遊行等有趣事物，每一個都是設計出身的她獨有的創意。和對抄紙充滿熱情的工匠們不同，她不僅擁有獨特的感受力，同時也具備能夠將其具體化的出色技術。

遺憾的是在鷹野先生過世之後，田村女士便返回故鄉群馬，現在是在女子美術大學擔任兼任講師教授抄紙。她已經接受本店的委託製作板締等染色和紙，只要等抄紙工具到齊即可開工。

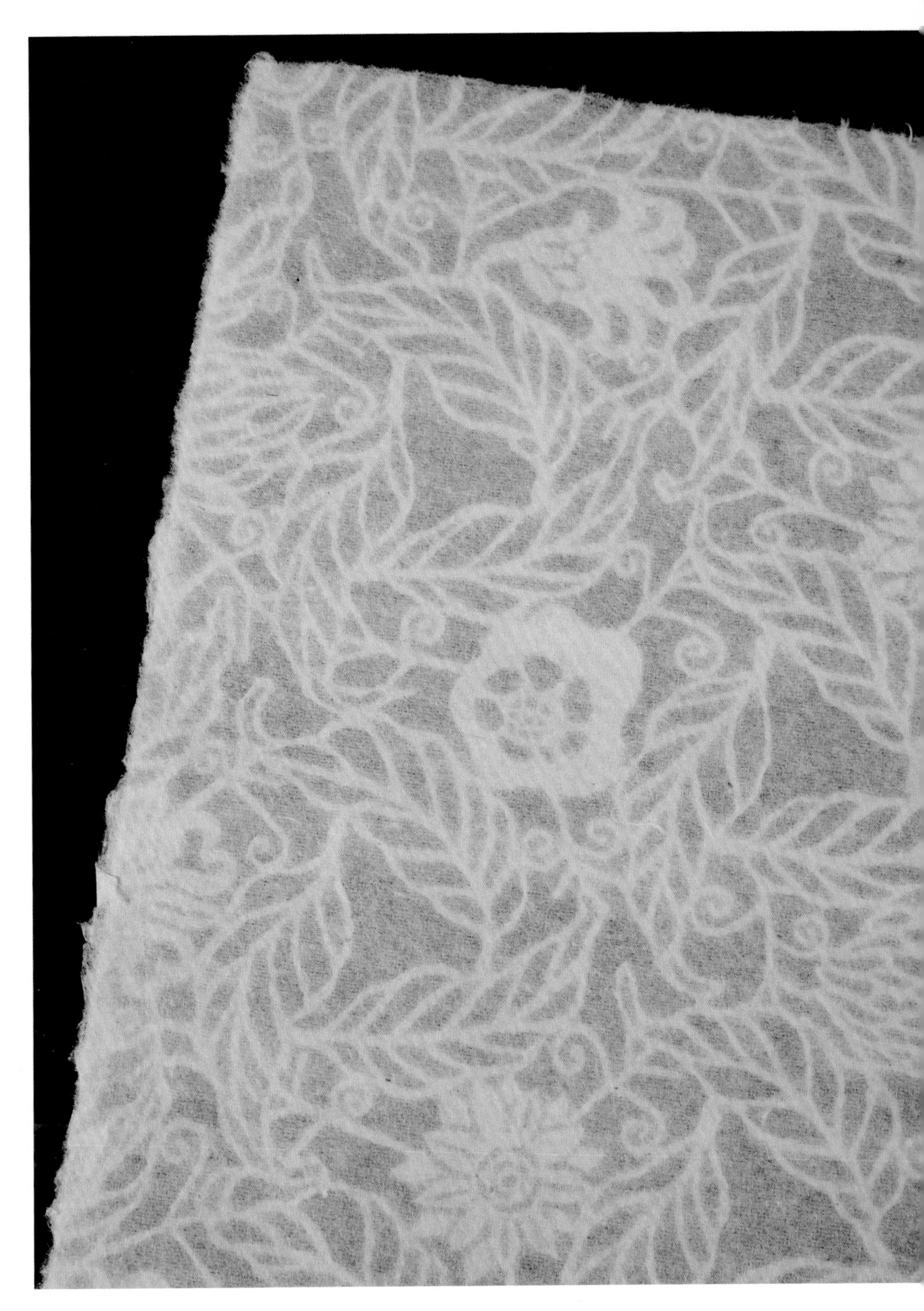

田村女士的蕾絲和紙上有浮水印的花葉圖案。

為型染和紙帶來時髦氣息
受年輕人歡迎的圖案種類豐富

型染和紙、民藝紙
——八尾和紙

富山和紙的起源是包藥紙。換句話說，和紙是從「富山的賣藥商」開始發展出來的。八尾和紙是越中和紙之一，現在只剩下一間「桂樹舍」還在製作。桂樹舍製作的紙之中，最為人所知的是型染和紙。型染一般是用來替布料染色的技法，之所以會運用在紙上，是因為創業者吉田桂介先生和染色家芹澤銈介先生兩人的相遇。芹澤先生是民藝運動的主要人物之一，而據說吉田先生也深受其影響。當時芹澤先生遇見了沖繩的紅型（型染的一種），決定要開始從事型染，於是他找吉田先生商量，想要尋找耐水洗的紙張，因此型染和紙的技法就這麼被開發出來了。

除了傳統圖案外，由於近年來也增加了許多時髦花紋，因此也十分受到年輕人喜愛。這種紙因為先後經過揉搓與蒟蒻漿糊的加工，所以紙質堅韌，具備耐久性及耐水性。而為了因應想要自己型染的顧客需求，也有提供未染色的素面款式。「紙的溫度」除了紙張外，也販售名片夾、筆記本等商品。

民藝紙（染成單色的和紙）的顏色種類不僅豐富，對於桔梗色、檜皮色、日本樹鶯色、海老茶等日本傳統色也很講究，每一種都染得非常漂亮。紙張分為經過揉搓和沒有經過揉搓的款式，因此即便同樣都是單色，呈現出來的質感也大不相同。一般認為黑色和紅色是染色時最難顯色的顏色，但這裡的黑色不會偏藍，非常趨近於漆黑。這種黑色民藝紙也被用來製作和傘，而這個時候會請店家在抄製過程中幫忙調整紙張的厚度。因為太厚會讓傘不容易闔起來，所以需要特製厚薄度恰到好處的紙張。

照片左邊是民藝紙（2色），右邊是型染和紙。也有許多染成不同顏色的型染和紙。

繼承充滿野趣的紙張
同時將野花、櫻貝等能登的大自然帶入紙中

杉皮紙、野集紙、櫻貝紙

——能登仁行和紙

石川・輪島

能登仁行和紙是石川縣輪島唯一生產的和紙。震撼力十足的杉皮紙，是用杉木皮的粗纖維抄製而成。鬆開堅硬樹皮後以溜漉法抄製出來的紙張，展現出大地一般的風情。輪島這個地方原本沒有抄紙匠，是第一代的遠見周作先生於第二次世界大戰期間，在舊滿州見到當地人用竹子抄紙，才有了自己也來試試看的想法。再加上山上有楮樹，而且輪島是漆器產地，需要包裝用的和紙，因此更加深了他動手的意念。當初他會開始抄製杉皮紙，據說是因為見到製材所裡遭到風吹雨打的廢棄杉樹皮十分美麗，才下定決心做成和紙。杉皮紙的紙質厚而堅韌，光是掛在牆上或擺在桌上就很有存在感。

除了杉皮外，像是野草、野花、貝類、稻殼等，遠見先生也把他想到的各種材料抄入紙中。或許正因為這片土地沒有製作和紙的歷史，才更容易發揮獨特的創意吧。繼承其開闊胸襟的是嫁到遠見家的京美女士，她以第二代的身分接手抄製杉皮紙及其他各種紙張。製作杉皮紙是一件相當需要勞力的工作，然而京美女士卻說「既然我嫁到抄紙匠的家，就必須讓它延續下去」，實在令人佩服。抄入花草的技法在很多地方都能見到，不過遠見先生的野集紙的最大特點是將摘來的花草不經乾燥就直接放入，因此非常有立體感。目前將新鮮花草直接抄入紙中的大概就只有這款野集紙，以及第36頁的法國花草紙。我曾請京美女士讓我參觀抄製情形，只見工坊內擺滿色彩繽紛的花朵，看了就讓人感到心曠神怡。她的兒子和之先生也繼承了創意精神，非常積極地在製作抄入櫻貝、樹皮的圖案紙。融入輪島豐富自然生態的紙張，讓人忍不住想要擁有。

照片左起為：杉皮紙 雲龍 褐和深褐。

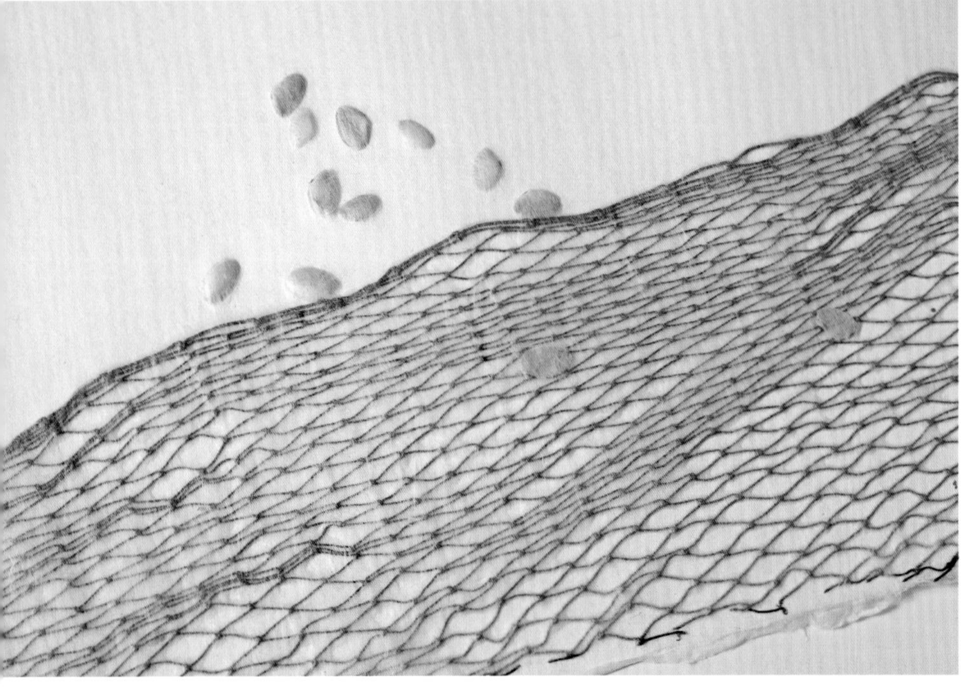

上）左右是未漂白的野集紙，中間是漂白過的野集紙。
除了花，也有加入紅葉般葉片的款式。下）抄入櫻貝和網子的櫻貝紙。
也有在毛邊明信片中抄入櫻貝的產品。

採摘生長在工坊附近的花草，直接將新鮮花草配置在已經放入原料的竹簾框上，之後再次放入原料，抄製成野集紙。

以和紙能用千年的特性為名
非常堅固且耐水

悠久紙——五箇山和紙

說起富山縣五箇山，就會想到那裡被登錄為世界遺產的合掌建築聚落非常有名。包括宮本友信先生和家人一同經營的「東中江和紙加工生產組合」在內，目前在這裡抄製和紙的工坊一共有3間。宮本先生擁有廣大的楮樹田，從照顧楮樹開始，到進行雪晒し、抄製、做成製品，一切都依照自古流傳下來的方法製造和紙。他將依循古法做出來的紙張取名為「悠久紙」，展現出和紙「即便經過千年，紙的顏色和墨色也不會改變」的特性。

悠久紙也被用來修復桂離宮和國家指定重要文化財的古文書，以及復原修復名古屋城的本丸御殿。作為和紙，悠久紙的特色是非常堅固且耐水，我們在試做有松絞紙時也曾拿來使用。有松絞是名古屋的傳統工藝之一，是一種絞染的織物。我們心想或許可以透過使用那項技術找到和紙的新用途，於是便向有松絞工匠們提出我們的想法，結果對方劈頭就說「和紙不行啦」拒絕了我們。但是，經過我們鍥而不捨地拜託「這款紙很堅固又耐水，請務必試一次看看」，對方總算答應試做，也親身感受到悠久紙的強度。最後我們完成了「有松絞染和紙」和「名古屋友禪型染和紙」，這2種因為有悠久紙才能誕生的紙張。

除了未漂白的楮紙，也有用核桃葉、黃檗皮、扁柏皮等染色的草木染。另外，還有用未漂白的楮紙、草木染紙手揉而成的揉紙。

順帶一提，國外並沒有透過揉搓讓紙產生皺褶的手揉技法。揉紙使用的紙張原料多為楮樹，這或許是因為楮樹纖維有著既強韌又柔軟的特性，所以適合手揉的關係。

富山・五箇山

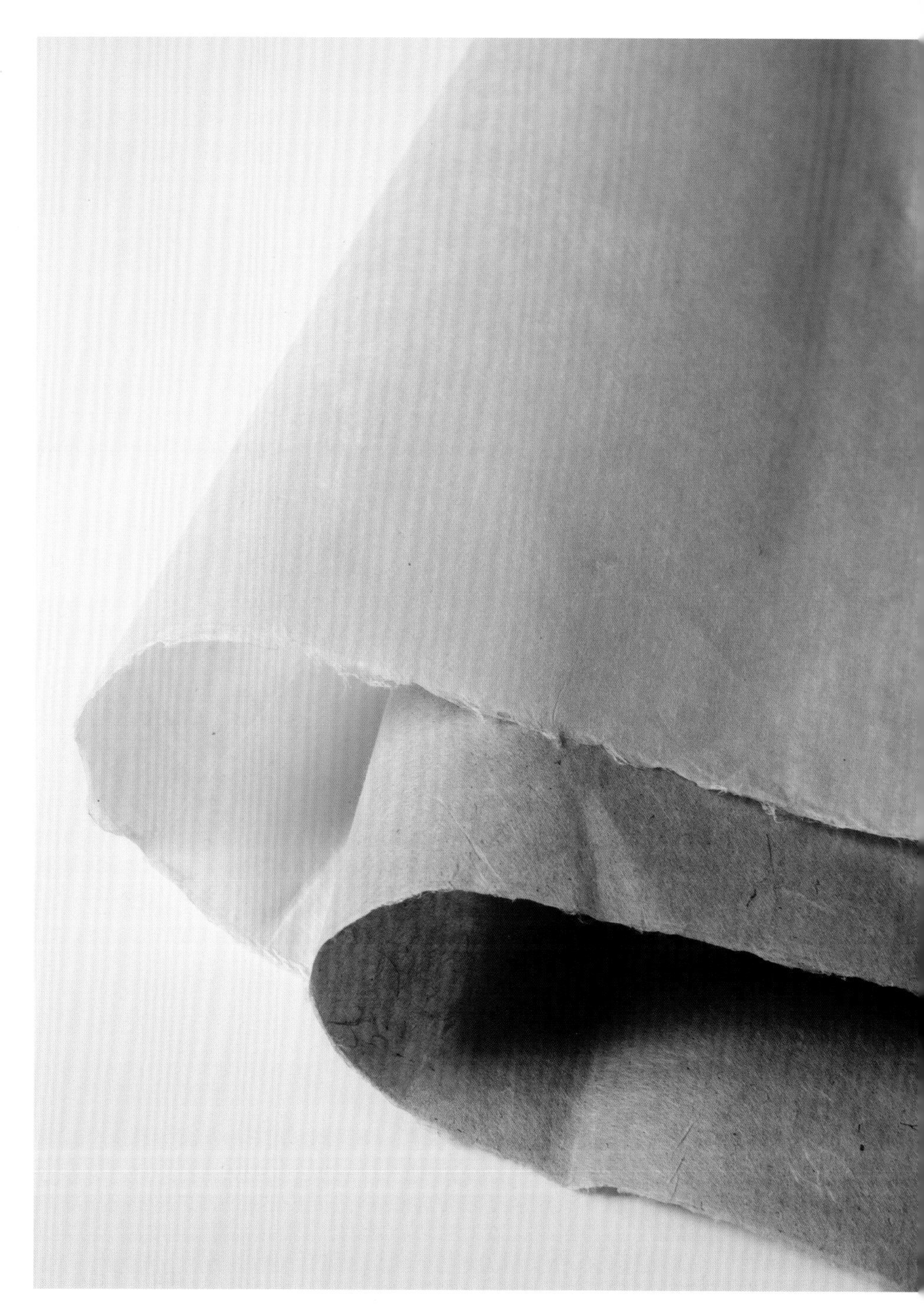

左起為：悠久紙、用核桃葉染成粉紅色的草木染紙。

有松絞紙

跨越織物與紙的分界線
決心向全世界推廣染色魅力的氣魄

愛知・名古屋

現年30多歲的染色家藤井祥二先生是有松絞的次世代推手，正非常積極地展開活動。有松絞是發源於「紙的溫度」所在地名古屋的絞染織物，如同第100頁所提到的，本店一直很努力想要將有松絞也運用於紙張上。因此，我一聽說名古屋車站旁有一場由有松絞的年輕有志之士舉辦的展覽會便去看了，然後就在那裡認識了藤井先生。因為很有趣，於是我也請他在「紙的溫度」舉辦展覽會，並且製作了原創商品。他後來也經常來店裡，很認真地學習紙張知識。

聽說試圖向國外推廣有松絞的藤井先生在紐約發表作品時，曾經因為大家很難了解其價值而感到挫折。他心想應該做什麼才能將日本獨有的魅力傳達出去，最後幾經思考，他選擇把使用和紙線的獨創布料加進作品中，並且將其放在紐約同個地點展示，結果作品一下子就飛快賣完，甚至價格還比第一次貴上10倍。有了這次寶貴的經驗，他終於明確知道自己應該往哪個方向進行創作。無論布還是紙，都是他染色的對象，並且他也不再局限於絞染，開始將時髦的設計也融入作品中。現在他和許多公司合作，配合對方的需求發揮自身技術，活躍地創作一件又一件染色作品。

「紙的溫度」也有展示他和為了從事有松絞而從德國來到日本的河合黛絲莉小姐（參照第104頁）一起配合不同季節完成的大作。除了展示作品外，像是改變有松絞的傳統技法「龍卷絞」，由鋸齒狀、菱形等幾何圖案與絞染的有機風格結合而成的作品等，藤井先生也製作了許多很難染在布料上，只能將圖樣染在紙上的和紙作品。

藤井先生的有松絞紙。運用有松絞傳統的「龍卷絞」表現雁木圖案。

有松絞紙

在德國受到有松絞吸引
以流行配色妝點紙張

愛知・名古屋

如同第102頁介紹過的，目前和藤井祥二先生搭檔進行創作的是河合黛絲莉小姐。來自德國的她，是一位因為愛好動畫而對日本深感興趣的時下年輕人。她是在大學研習時裝設計時，在有松絞的公司於當地開設的講座上認識有松絞。在歐美，人們一般將絞染視為一種「Tie-Dye（紮染）」，不過她認為「有松絞的表現形式比Tie-Dye更加豐富」，從中感受到很大的可能性。

黛絲莉小姐在德國某間時裝相關的公司任職一段時間後，於2008年初次來到日本。那次停留的時間雖然短暫，卻讓她決定要好好學習更多有松絞的知識，於是她後來又再次來到日本直到現在。現在她一邊從事其他工作，一邊和藤井先生進行創作。粉紅色、藍色等鮮豔流行的配色，讓人感受到她不同於日本人的品味。

從2022年開始，「紙的溫度」每2個月便會以不同主題展示黛絲莉小姐的有松絞紙。儘管她說自己在這項企畫中盡情運用了各種顏色和自由發想，忠實地展現出自己的世界觀，但對黛絲莉小姐來說，第一次嘗試用缺乏強度、比布料容易破損的和紙絞染，所以其實很擔心是否真能成功。然而她仍反覆嘗試，創作出令自己滿意的作品，並且因為發現「唯有和紙才能呈現出來的色調」，而開始愛上和紙這項素材。深受和紙魅力吸引的黛絲莉小姐的作品，也在東京銀座的老牌文具店展出。「我希望我的作品能夠讓東京人，以及造訪東京的外國人感受到和紙的迷人之處。並且希望未來可以繼續創作融入和紙的作品，透過在『紙的溫度』展示，成為西洋與日本之間藝術交流的橋梁」，聽到黛絲莉小姐這麼說，我們也不禁深感欣慰。

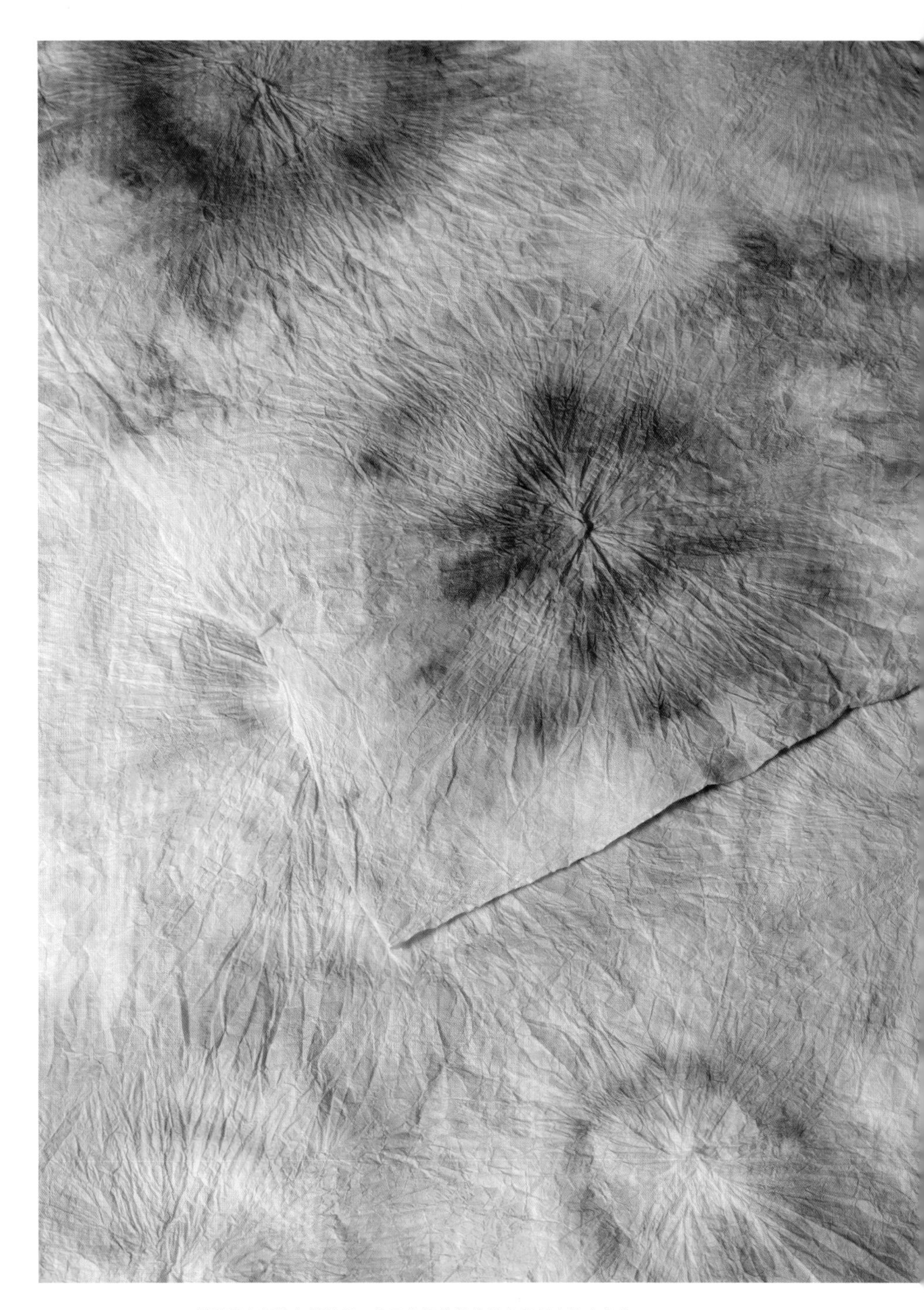

黛絲莉小姐的有松絞紙。使用有松絞的技法在和紙上染出多色。

小原和紙

既非流漉法，亦非溜漉法
發現名為半流漉的抄製法

愛知・豊田

加納登茂美女士和恒先生這對夫妻所開設的工坊「Kano Tomomi Hisashi（かのうともみひさし）」位於距離「紙的溫度」不遠的豊田市，專事製作加入土壤或倒入色紙的優質紙張。其起源為「小原工藝紙」。各位知道藤井達吉（1881～1964年）這位出身愛知縣的工藝家兼藝術家嗎？他對於復興地方產業和傳統工業同樣不遺餘力，曾經在小原（豊田市的舊名）住過一陣子。當時小原所抄製的「森下紙」非常樸素堅固，是會塗上柿澀後用來製作生活用品、番傘的加工原紙，藤井先生因為擔心其失去用途後消失，便指導當地人製作「美術工藝紙」。那是一種除了紙以外也使用布和螺鈿，以顏料為接合的物品上色，然後在上面題寫歌詞的製品，與其說和紙其實更像是作品。許多工匠因此轉職成為美術工藝紙的作家。

不過加納夫婦沒有選擇那條路，而成為了抄紙匠。登茂美女士的父親製作過美術工藝紙，所以她非常熟悉料紙的技法，恒先生則對土壤知之甚詳。他們各自發揮本領，製造將工坊附近的土壤、沙子放進紙料抄製，或在乾燥前藉著澆水製造圖案的落水紙，另外也利用刷子增添韻味。

日本抄紙法是以流漉法，外國則以溜漉法為主流。流漉法是將紙料反覆倒入鋪有竹簾的簾框中使其漸漸產生厚度，溜漉法則將紙料一次全舀到鋪有金屬網的框架抄製。我們的紙張老師宍倉先生（參照第76頁）將不屬於這兩者的方式命名為「半流漉法」，也就是以流漉法舀入一次紙料後迅速擺手甩水（稱為捨水）。換言之，半流漉法就是「在迅速擺手那瞬間形成一層紙」的抄製法。據說加納夫婦得知後，恍然大悟地說：「這就是我們的抄製方式！」

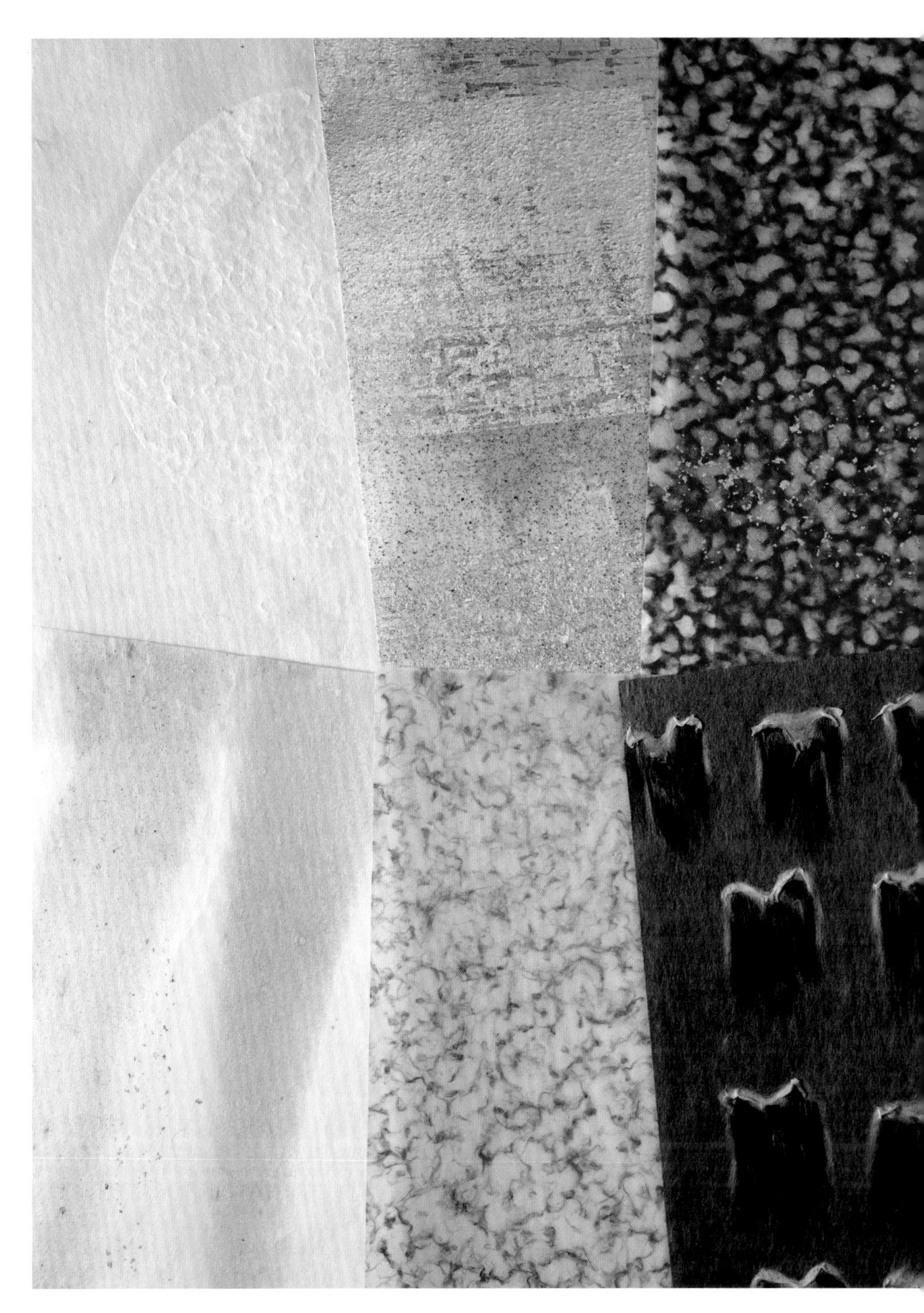

抄入落水圖案（上左），加入銀箔（上中），為有色紙料加上落水圖案後撒上金箔（上右）。下右的和紙是用藍色紙料抄好後和白色紙料抄在一起，再用手指擠壓出圖案。

直接將楮樹纖維做成紙張
人間國寶簡單且普遍的信條

生漉紙 奉書 ── 越前和紙

越前在和紙的產地中尤為特別。此地區有著自古流傳的「川上御前傳說」。傳說在繼體天皇（507～531年）還被稱為男大迹王時，岡太川的上游出現一位美麗的公主，細心地教導村民抄紙技術。高興的村民詢問她的名字，她卻只回答「我是住在這條河川上游的人」便失去蹤影。於是村民們尊稱公主為川上御前，將她視為紙祖神供奉於岡太神社，並且把抄紙當成賴以為生的工作代代傳承。川上御前不只是越前，也是日本全國紙業界的守護神，身為紙張從業人員，擁有這樣的傳說實在令人羨慕。

在坐擁這般背景的越前，如今依然有許多抄紙工坊活躍著。岩野市兵衛先生於1978年繼承第九代岩野市兵衛的名號，並於2000年被認定為人間國寶，至今依舊在從事抄紙的工作。岩野家代代都只抄製「生漉奉書」，他們將「直接將楮樹纖維做成紙張」奉為信條，專心致志地持續抄製楮紙。奉書主要是被當成版畫紙使用。岩野先生抄製的和紙非常堅固，雖然板材重疊得愈多，用馬連（製作版畫的工具）來回摩擦的次數也愈多，但是生漉奉書即便經過300次的摩擦依舊能夠完好如初。不僅紙質堅固，生漉奉書還非常漂亮，尤其放在光線下欣賞更顯美麗。岩野家除了使用品質好的楮樹，抄製成紙的過程同樣非常謹慎小心。他們首先會用流水仔細地清洗原料，藉此徹底去除雜質，也洗去纖維素以外的多餘成分。不只日本國內，生漉奉書也是許多國外版畫作家指定使用的紙張，據說就連畫家畢卡索也愛用岩野先生的紙。生漉奉書也常被用來製作浮世繪的修復版，以及作為擦拭供奉於日本全國神社的日本刀的「刀拭紙」。

福井・越前

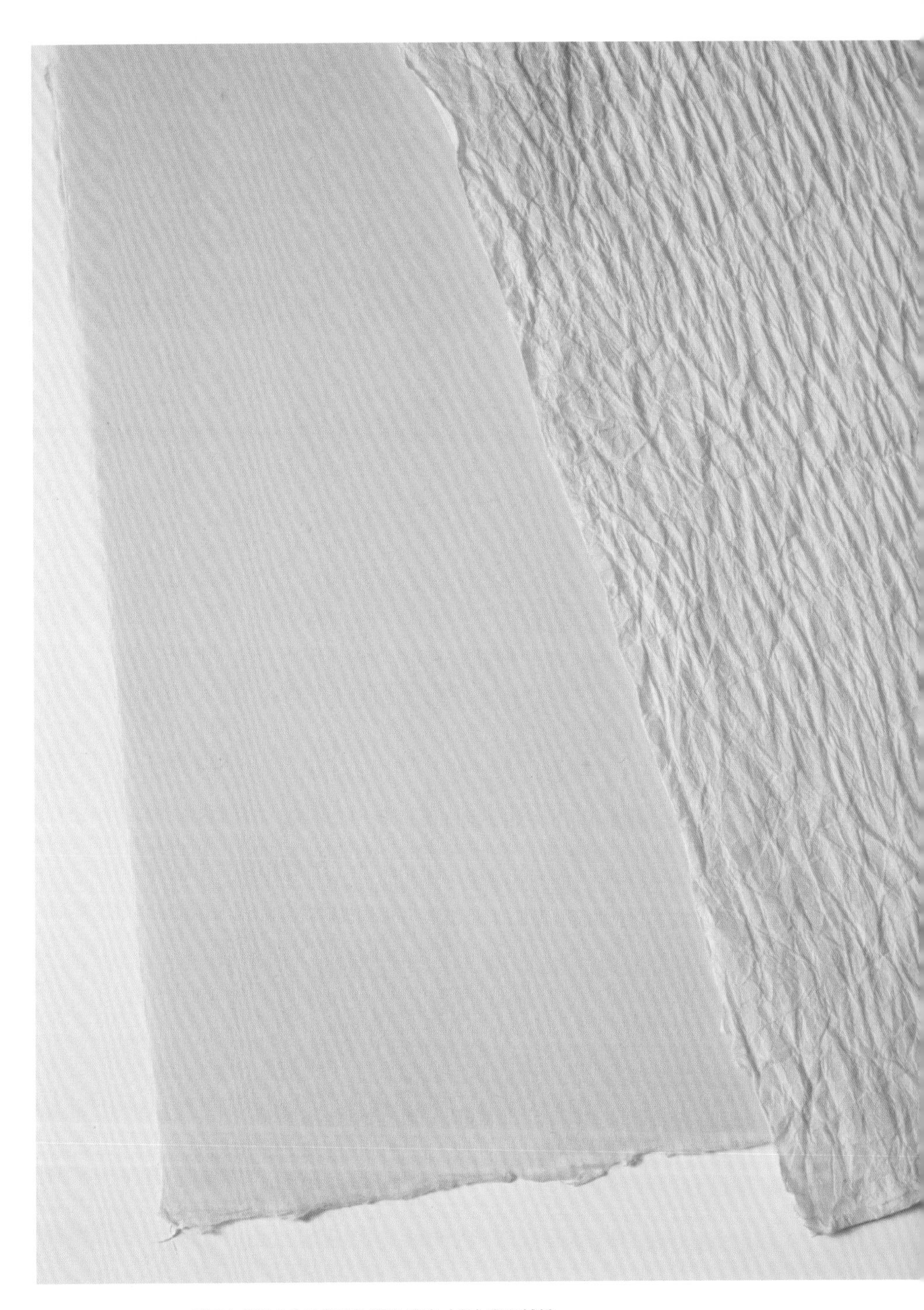

岩野市兵衛先生抄製的生漉紙 奉書（左）和刀拭紙。

用於宮中例行活動的紙張
自由操控皺褶深度的技術

大高檀紙——越前和紙

山崎吉左衛門紙業的大高檀紙。

福井・越前

檀紙是以楮樹為原料、表面有著獨特皺褶的和紙，並且依據皺褶的深度分為大高、中高、小高。其歷史悠久，早在奈良時代便已存在。據說這種紙以前是武家社會的男性專用，一般平民無法使用。山崎吉左衛門紙業現在已經傳承到第十代，是製作檀紙的第一把交椅。從檀紙被使用在命名儀式等皇室的宮中例行活動來看，可說是相當有來歷。有皺褶的紙或許會被懷疑能否用於書寫，但這種紙也被應用在訂婚時，因此可見得並不會有問題。

檀紙的製造逐漸機械化，但山崎先生依舊堅持手工作業。他所製作的紙張有大中小不同的尺寸，而且因為小張的紙不適合搭配太深的皺褶，所以還會依據尺寸改變皺褶深度。他沒有使用特殊的工具和手法，只憑一隻刷子替紙張加上皺褶，這一點實在令人吃驚。不僅如此，他還擁有能夠調整皺褶深度和外觀的獨門技術。

全世界最薄的紙
拿在手上毫無感覺

雁皮紙 無氯7微米

──越前和紙

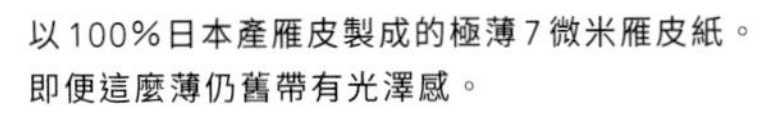

以100%日本產雁皮製成的極薄7微米雁皮紙。
即便這麼薄仍舊帶有光澤感。

福井・越前

各位能夠想像7微米的紙有多薄嗎？用來包藥的糯米紙是20微米，這種紙則為其3分之1，因此拿在手上完全感覺不到重量。堪稱是日本，不對，是全世界最薄的紙張。「梅田和紙」的梅田修二先生做出挑戰，想知道憑自己的技術能夠抄製出多薄的紙張。這種紙的原料是雁皮。雁皮製成的紙表面非常細緻光滑，帶有楮樹和三椏製品所沒有的光澤和亮度。但是雁皮很難栽種，是只能到其自然生長的深山採集的稀有原料。不只籌措原料，抄製過程也很辛苦，放在銀杏板上晾乾後要撕下來時還可能會破掉。此外，這種紙張的耗損率極大，以前從來沒人敢嘗試，但梅田先生卻還是設法將其製成紙，如此堅持的態度實在令人佩服。可惜的是，梅田先生後來歇業了。因為想讓大家知道以前日本有人抄製過這種紙，於是我們將其陳列在店內。

長長拖曳的藍色和紫色宛如雲朵
誕生於平安時代的高雅料紙

打雲紙——越前和紙

岩野平三郎製紙所在越前算是規模很大的工坊。目前是由第四代的岩野麻貴子女士以繼承平三郎之名為目標，努力地經營抄紙事業。除了以麻和楮樹為原料的麻紙，也有抄製使用雁皮和三椏的鳥子紙，其中麻紙是日本畫用的大尺寸紙張。第一代岩野平三郎先生從13歲開始抄紙，因應許多畫家的需求分開抄製，製作出種類多樣的和紙，「雲肌麻紙」也是其中之一。麻紙原本是以大麻或苧麻製成的和紙，在奈良時代十分常見，可是平安時代以後，和紙的主原料變成楮樹，麻紙於是隨著時代轉變而消失。後來到了1926年，第一代岩野平三郎先生製作出以麻和楮樹為主原料的「岡太紙」，又在昭和初期製作出在麻中加入楮樹和少量雁皮的「雲肌麻紙」，麻紙因而重生。其名稱來自於纖維在紙張表面纏繞，看起來就像雲朵的形狀，如今被當成日本畫用的和紙。

這款宛如雲朵的藍色和紫色在紙張上下兩端長長拖曳的紙張，名為「打雲紙」。做法是先抄製鳥子紙，再倒入染成藍色和紫色的紙料，讓竹簾框浸在抄紙舟中製造出圖案。要製造出美麗的圖案很困難，需要十分高超的技術。打雲紙源於平安時代，一直被當成假名料紙使用；室町時代則是做成狹長紙片狀，據說也會在和歌會上使用。透過和紙可以感受到當時的風雅氣息，令人心生嚮往。

說到這，各位知道鳥子紙的名稱會因抄製原料而改變嗎？100%雁皮製稱為「特號」，雁皮和三椏混合稱為「1號」，100%三椏製稱為「2號」。三椏和木漿混合稱為「3號」，馬尼拉麻和木漿混合稱為「4號」。因此只要說「2號鳥子紙」就知道是100%三椏製成。

◎福井・越前

岩野平三郎製紙所製造的打雲紙。

運用傳統技法
讓紙上綻放出花朵或浮現圓點圖案

設計落水紙、引掛和紙、浮水印和紙 —— 越前和紙

福井・越前

「柳瀨良三製紙所」現在是由良三先生的孫女柳瀨京子女士和丈夫靖博先生，以及清一色的女性抄紙匠管理經營。薄款楮紙這類經典的和紙固然美麗，不過像是抄入紅葉、銀杏、竹葉，還有添加金箔等，這些經過特別處理的和紙也很值得細細觀賞。而看起來既像花朵又像雪花結晶的可愛「設計落水紙」則運用了越前風格的技法。

首先是藉著澆水製造圖案的「落水紙」，做法是一開始先用竹簾框舀起紙料抄紙。只要趁紙還濕的時候從上方滴水，水滴落的力道就會在紙料上形成圖案，讓整張紙有如穿孔一般。

其次還有一種技法名為「引掛」。一開始先抄製作為基底的紙張。另外在金屬網狀的模型中鋪入原料纖維，然後趁基底紙還濕的時候，將其從上方重疊上去。鋪放重疊的原料因為是使用帶有光澤感的雁皮或有色原料，因此圖案會抄入紙張中。

就連「浮水印」這項為人熟知的和紙技法，柳瀨良三製紙所也是採用時髦的圖案，除了在光線下可以見到圖案的款式外，也有製作部分完全鏤空的浮水印和紙。

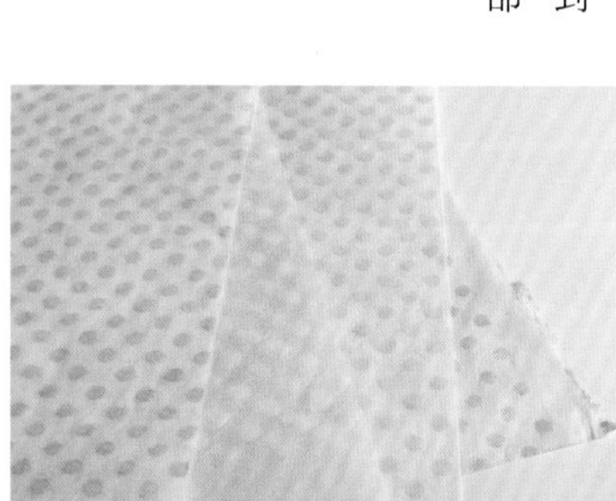

楮薄紙浮水印圓點（4色）。

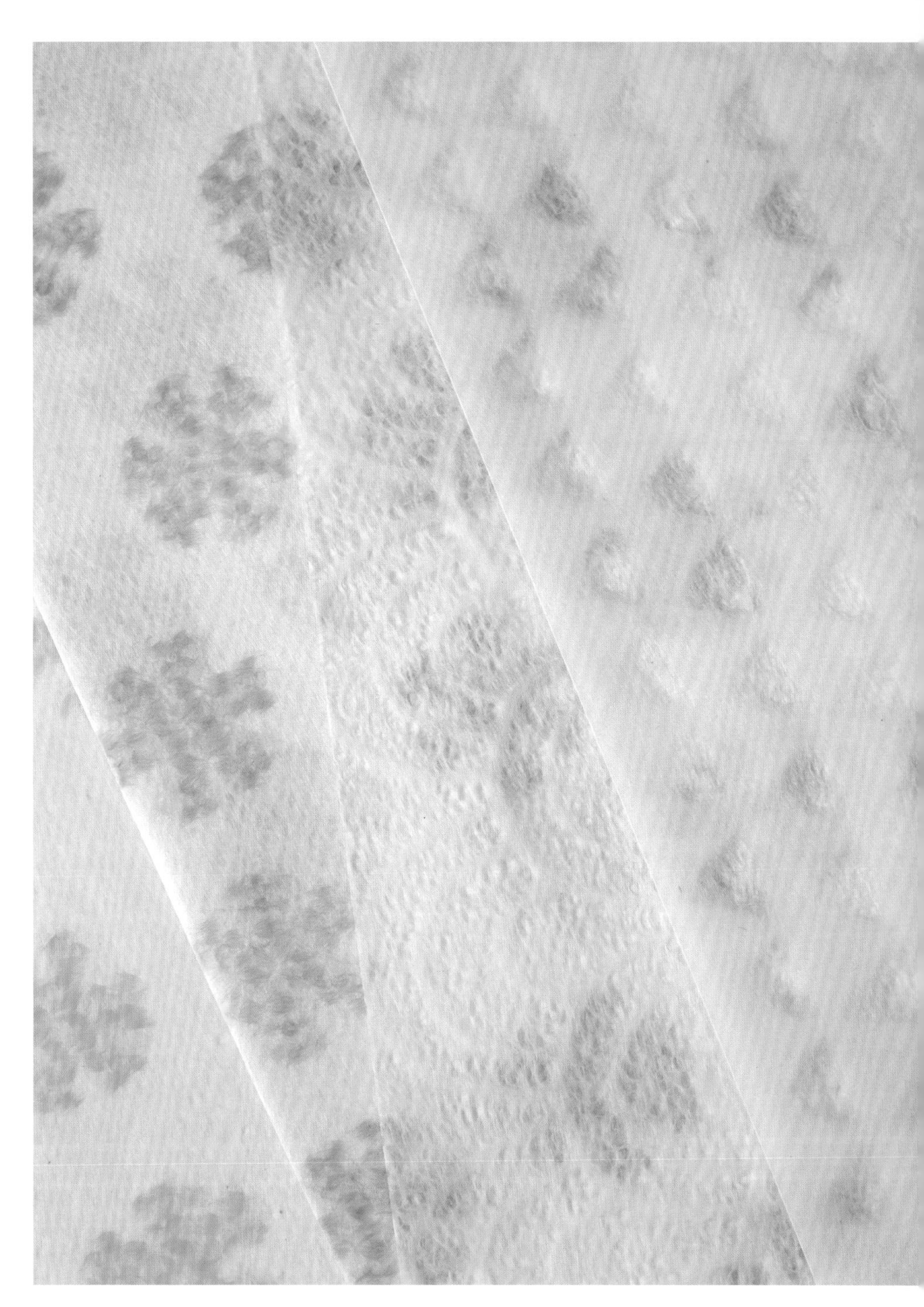

左起為：柳瀨良三製紙所的華麗花朵圖案引掛和紙（2種）、落水紙、浮水印和紙。

深具傳統的和紙產地團結一致
訂立工藝製造的指標

本美濃紙——美濃和紙

岐阜・美濃

想必很多人一聽到和紙產地，就會想到「美濃」吧。美濃的楮樹數量多且品質優良，又有來自長良川和板取川的潔淨水源，所以在如此得天獨厚的環境下，早從奈良時代便盛產和紙。到了江戶時代，美濃和紙被視為高級格子門紙，聲名遠播，還被進貢給江戶幕府。據說極盛期美濃共有5000間抄紙工坊。雖然現在只剩約30間，但是他們為了讓美濃和紙流傳後世，非常積極地將其品牌化。他們訂立自有的品質標準，將通過該標準的產品認定為「本美濃紙」、「美濃手抄和紙」、「美濃機器抄和紙」。

其中品質標準最為嚴苛的是本美濃紙。認定標準有：只使用大子那須楮（白皮）作為原料、以符合本美濃紙指定條件的傳統製法製造、身為本美濃紙保存會員等等。美濃雖然也有許多來自外地的抄紙匠，不過至今被認定為本美濃紙的都是當地人的製品。目前獲得認定的有3人，我們店內收存的是「澤村正工房」的澤村正先生所製造的本美濃紙。從京都的迎賓館內收藏了多達5000張本美濃紙來看，可見其品質之優異。澤村先生自15歲抄紙以來，已經在這一行投入將近80個年頭。這段期間，他究竟抄製過多少美麗的紙張呢？「培育優秀的抄紙繼承人也很重要」如此說道的他，現在正持續將知識與技術傳授給徒弟。

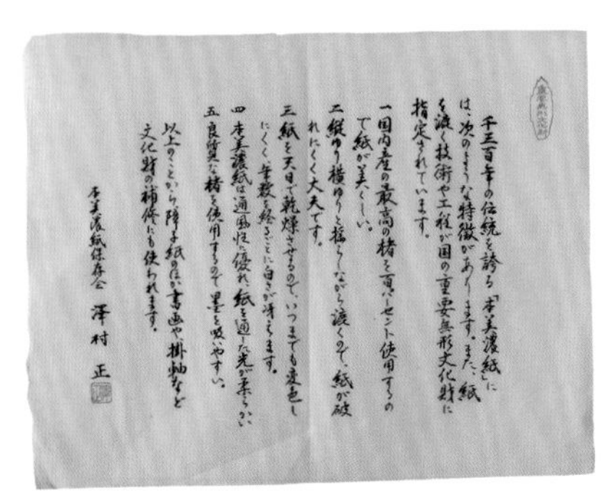
千三百年の伝統を誇る「本美濃紙」には、次のような特徴があります。また、紙を漉く技術や工程が国の重要無形文化財に指定されています。
一 国内産の最高の楮を百パーセント使用するので紙が美しい。
二 縦ゆり横ゆりと揺らしながら漉くので、紙が破れにくく丈夫です。
三 紙を天日で乾燥させるので、いつまでも変色しにくく、年数を経るごとに白さが冴えます。
四 本美濃紙は通風性に優れ、紙を通した光が柔らかい。
五 良質な楮を使用するので墨を吸いやすい。
以上のことから障子紙のほか書画や掛軸など文化財の補修にも使われます。
本美濃紙保存会 澤村 正

記載本美濃紙品質標準的紙張。

澤村正工房抄製的本美濃紙。

滿溢的能量
讓人感受到紙張仍有無限可能性

落水紙、真菰紙——美濃和紙

Warabi Paper Company的千田崇統先生會成為抄紙匠，完全是意想不到的巧合。他雖然是岐阜人卻不熟悉和紙，在東京度過他口中「每天都喝得爛醉」的學生時代後，他前往倫敦。但是，千田先生在那裡開始對都市生活產生懷疑，於是又前往南美的祕魯。回日本後他找到在美濃擔任抄紙體驗指導員的工作。工作一陣子之後，正當他在思考接下來要做什麼時，忽然得知某間即將停業的抄紙工坊在找繼承人，於是他便毫不猶豫地自願報名，並在學習過程中體會到抄紙的樂趣，最後順利繼承那間工坊。

他使用繼承自前代模型製造出細緻美麗的落水紙，可見確實技術了得。圖案則是菊唐草、七寶、螺旋等，和他的狂野形象落差頗大，相當有趣。千田先生也有抄製以真菰為原料的真菰紙。真菰是禾本科的大型多年生草本植物，常被用來做成出雲大社的注連繩和盆茣蓙。

千田先生在製作這些紙張的同時也進行創作。像是加入土壤或竹炭、藍染楮樹纖維後直接倒入，或是將紙做得非常厚等等，一見到這些超出我們想像範圍的作品，就讓人不禁為紙張仍擁有無限可能性而感到喜悅。

另外，他還加入從栽種楮樹到收割都包辦的「美濃市楮生產組合」，擁有自己的田地。此外，他還在工坊後方土地上興建「Warabee Land」，作為「從藝術家到小孩，每個人都能自由創作的據點」；已完成的主屋內無論地板、牆壁或天花板都貼滿了千田先生的和紙。Warabee Land是因為他親眼見過從事手工業的祕魯人，在互助合作的環境下自由度日的生活方式，於是產生「有一天我也想建立那樣的村莊」的想法。千田先生的格局果然很大。

岐阜・美濃

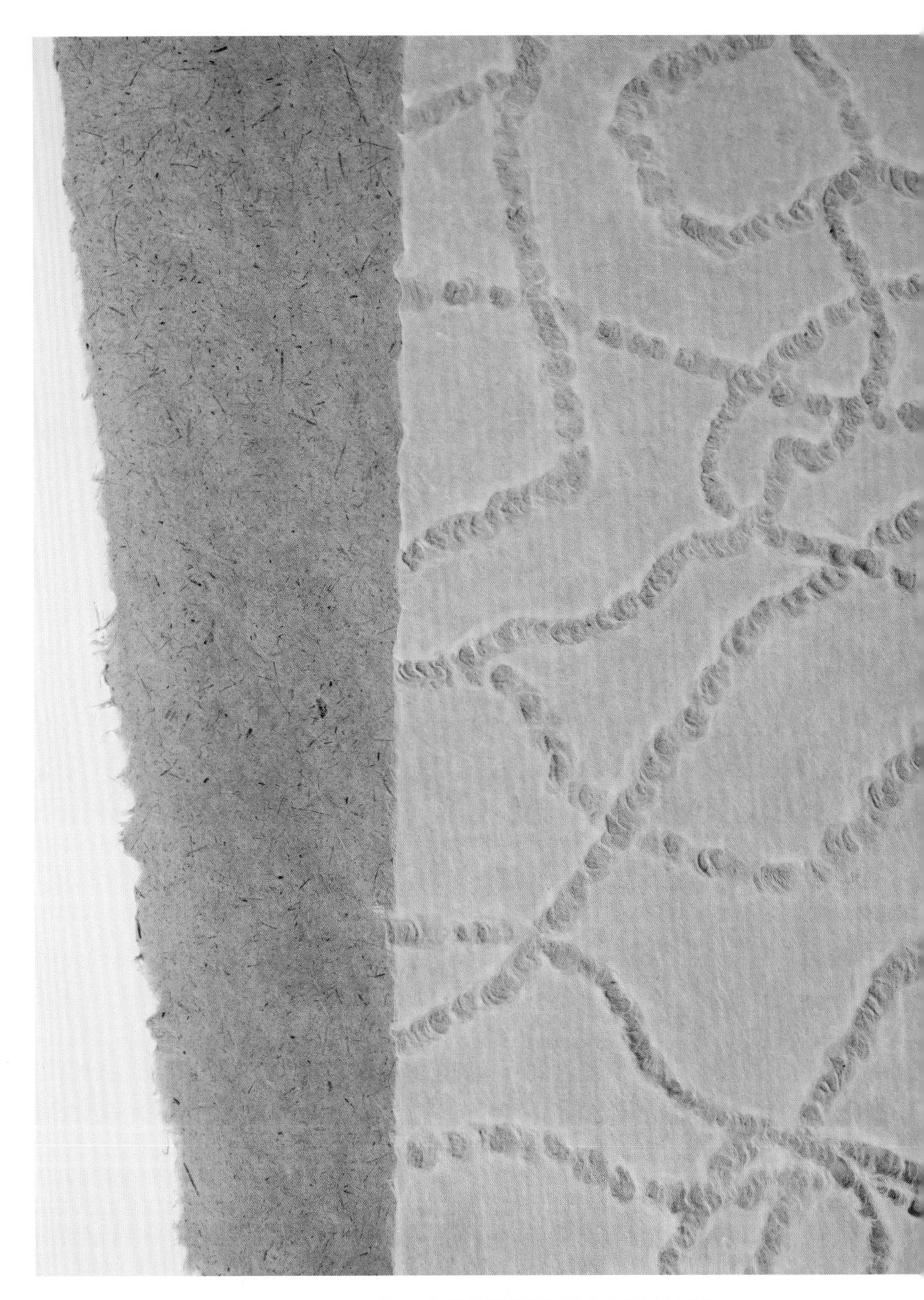

Warabi Paper Company的千田先生抄製的真菰紙（左）和落水紙（右）。

為了只取出楮樹纖維
不辭辛勞的認真態度反映在紙上

味噌用和紙、移印染和紙

——美濃和紙

「幸草紙工房」的加納武先生擅長製作表具裱褙紙常用的薄美濃紙，而且品質非常好。因為看中他的手藝，於是我們請他為「紙的溫度」特製紙張，也就是「楮紙 味噌用」。之所以會有這款紙的出現，是源於「紙的溫度」的員工在料理教室製作味噌。為了讓味噌發酵，一般都會用保鮮膜覆蓋密封，但是那名員工對材料很講究，又是以古法來製作，所以便想找到一款適用的和紙，而加納先生在聽到我們的委託內容後很快就答應了。由於這會直接接觸到食品，因此不能使用藥品，而且為了要密封，薄一點比較好。另外，原料中所含的木質素等會造成發霉，必須盡可能去除。於是，清洗原料的時間通常是2小時左右，但製作味噌紙卻得清洗將近11個小時。藉由拉長清洗時間去除木質素，只留下纖維素，也就是楮樹的纖維。美濃擁有豐富乾淨的水資源，能夠用流水清洗這一點固然很有幫助，不過最重要的，還是因為加納先生願意不辭辛勞地清洗11個小時，這款紙才得以誕生。這次我們從一開始就不使用藥品，假如用苛性鈉等藥品清洗，雖然可以很快就洗乾淨，但紙張也會變得脆弱。儘管我們以誕生的原由將其取名為味噌用，不過當然也可以用於寫書法等用途。

另一個「移印染」的做法，是用小槌子將新鮮葉片、花瓣放在和紙上敲打，讓顏色和形狀直接轉印上去。雖然敲打完之後會將葉片和花朵取下，不過藍草的綠色和鴨跖草的藍色都會鮮明地留在紙上。另外也有針葉天藍繡球的款式。除了65×98公分的尺寸外，還有長方形便箋、日式信封、明信片等產品。如果收到別人用這種紙捎來的訊息，真的會讓人喜不自勝呢。

◎
岐阜・美濃

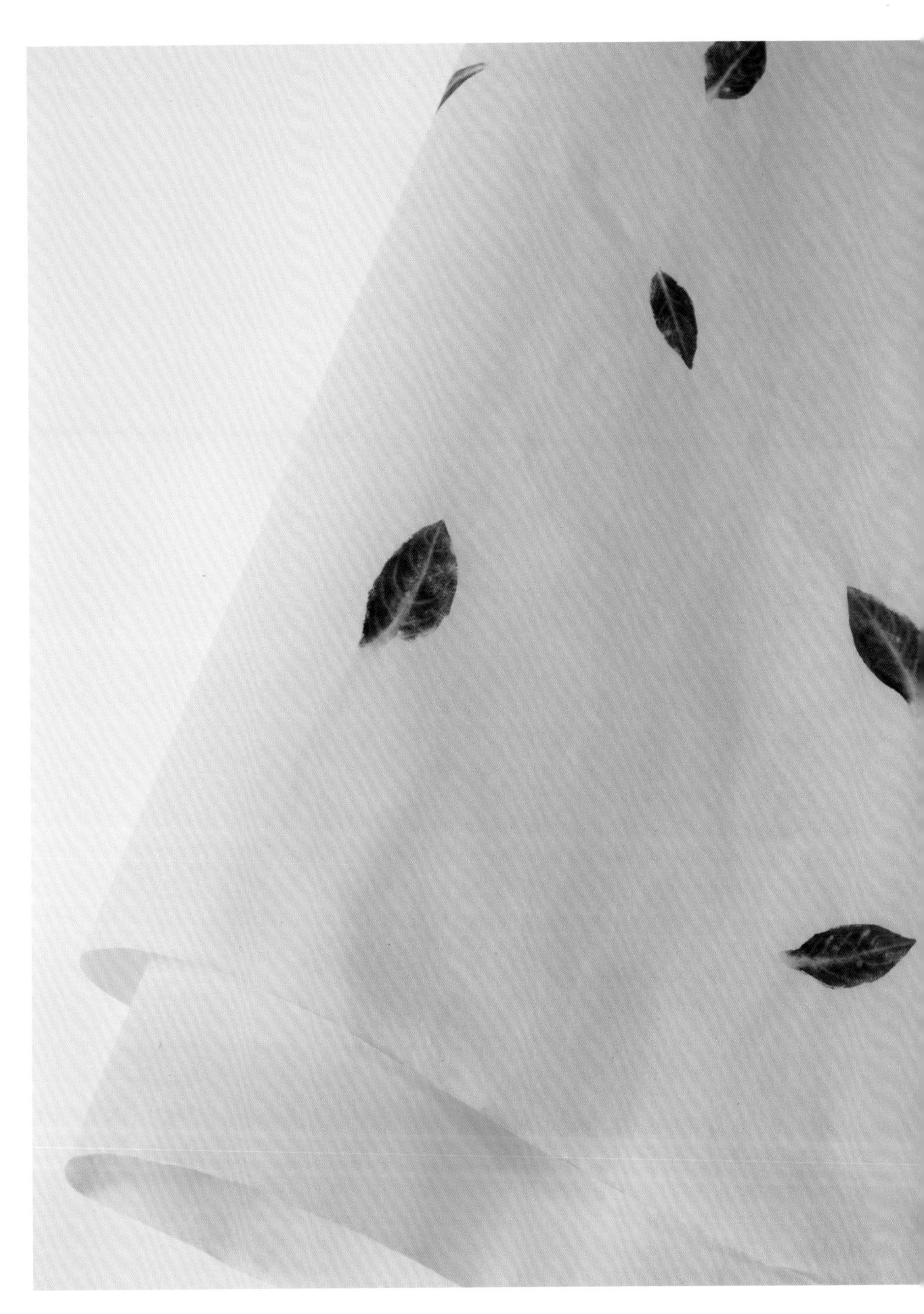

使用藍草染色的移印染和紙（上）、味噌用和紙（下）。

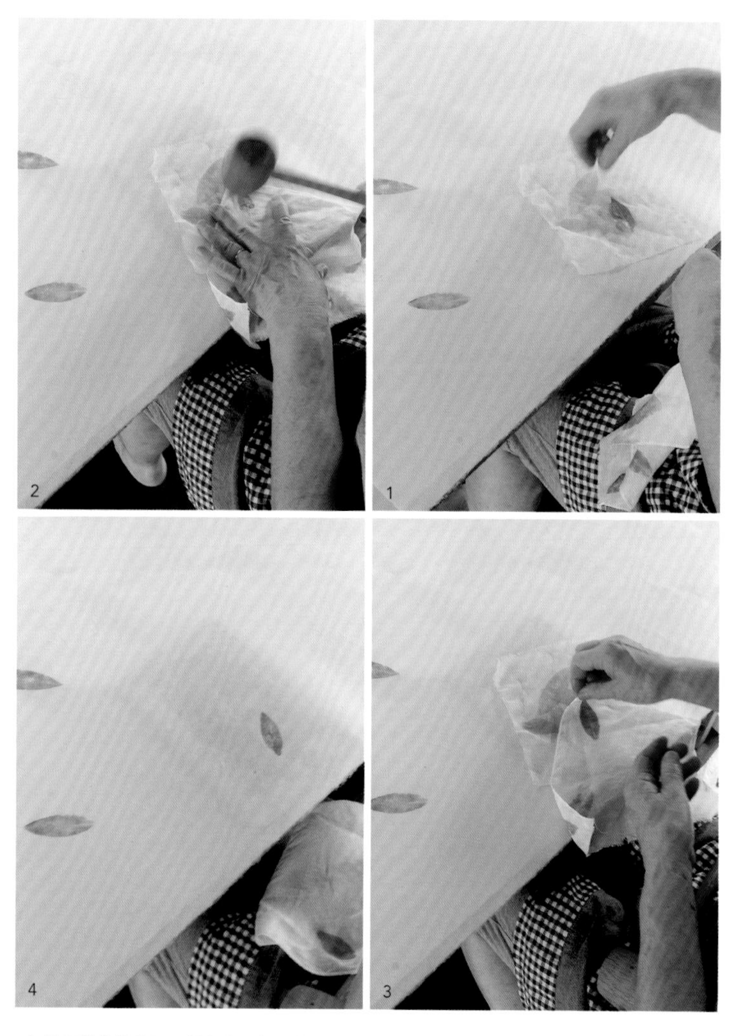

1）轉印藍草的步驟。首先在和紙上鋪薄布，在上面放上藍草。

2）在藍草上蓋布，用木槌從上面敲打。

3）敲打幾次後，取下上方的布、藍草和鋪在下面的布。

4）藍草轉印在和紙上了。

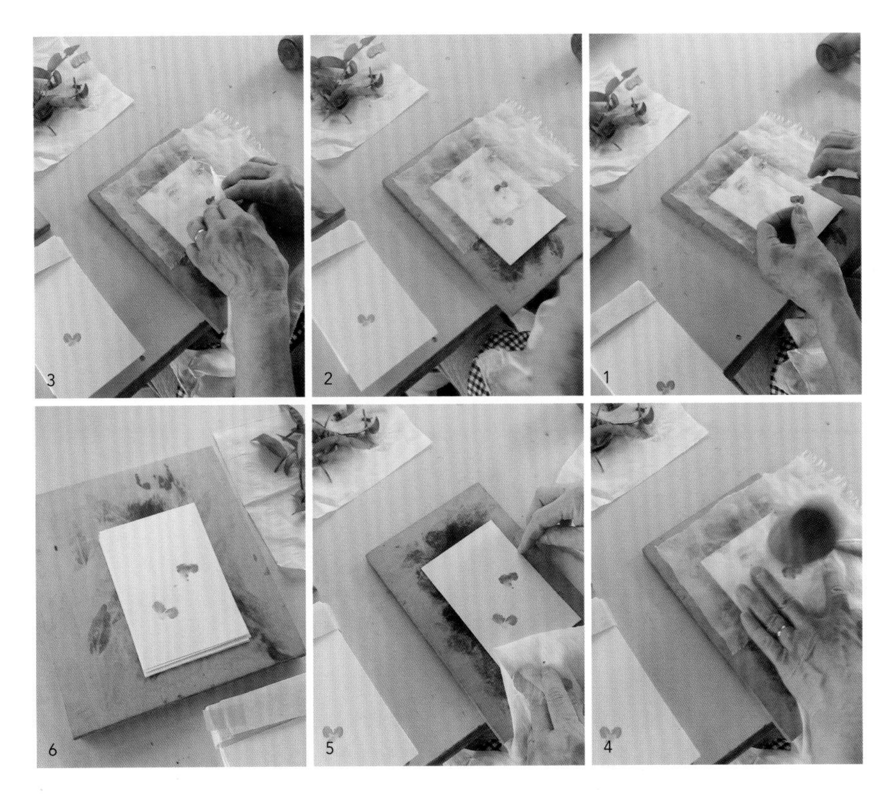

1）、2）在手抄和紙明信片上鋪布，排放摘來的鴨跖草。
3）在排好的鴨跖草上蓋另一塊布。 4）隔著布，用木槌敲打鴨跖草。
5）取下上方的布、鴨跖草和鋪在下面的布。 6）完成。鴨跖草要擺放在不同的位置。

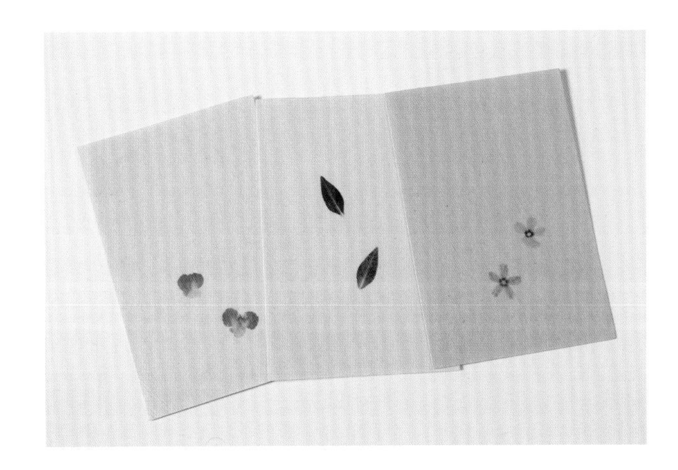

鴨跖草、藍草、
針葉天藍繡球的
移印染和紙明信片。

伊勢仿革紙

誕生在禁止殺生的背景下
因口耳相傳而險些消失的仿革紙再度復活

鹿子絞（左）和細波絞（右2種）的伊勢仿革紙。

三重・伊勢

日本的仿革紙誕生於因伊勢神宮而著名的伊勢，據說是一位名叫堀木忠次郎的人在1684年將油紙改良後，開始製作仿革紙。他將仿革紙加工成菸草袋販賣，結果大獲好評。這是因為在當時，皮革是非常貴重的物品，而且伊勢神宮規定不能將殺生之物帶入宮中。歲月流逝，某天堀木先生的子孫見到一整箱的仿革紙，有了想讓這種紙再次復興的念頭，於是成立「參宮Brand『擬革紙』會」。可是由於仿革紙過去一向是靠口耳相傳，沒人知道詳細的製作方法，因此他們便想到來找「紙的溫度」商量。製作仿革紙必須要有揉搓機和縮緬揉搓的技術。縮緬揉搓是一項正逐漸失傳的技術，不過幸好我們公司有一位女性學會了那項技術，最後順利讓仿革紙成功復活。仿革紙分為「鹿子絞」和「細波絞」2種，有的做成名片夾，有的則做成朱印帳的封面。

唐紙

隨著平安貴族文化一同發展
唐紙的關鍵在於雕版數量

京都

山崎商店的唐紙。左起為：忍、櫻、各種寶物。

唐紙原本是指從中國進口的紙張，據說當初是在奈良時代傳入日本。後來到了平安時代，唐紙更是深入滲透到貴族文化之中。如今提到唐紙，則主要是指用來製作紙拉門、以木版刷技法加上圖案的紙張。

京都的「山崎商店」創業於1976年，以唐紙公司來說算是比較新的公司。唐紙的重點在於雕版，擁有多少數量，也就是擁有多少圖案是成功的關鍵。山崎商店除了復刻傳統的唐紙圖案，也非常積極地在製作新花紋。唐紙一般都是使用鳥子紙。在「紙的溫度」，用來做成拉門的大張紙是鳥子紙，不過我們也有提供小張（64公分×93公分）的染色薄款民藝紙請山崎商店幫忙刷製。民藝紙的柔和氛圍和唐紙的圖案搭配起來，可以發揮點綴美化室內空間的效果。

看到植物就想抄製成紙
富有研究精神的可愛「大怪人」

竹紙、藤紙及其他

京都・丹後

三宅賢三先生是一名非常與眾不同的抄紙匠。他以竹、藤、白茅、東北瑞香、蘘荷的莖為原料，製作紙張。三宅先生是在30歲時決定成為抄紙匠，而我正好是在那個時候認識他。在那之前，三宅先生先後於沖繩、北海道等地居住過，當時已婚又有3個孩子的他毅然決然地遷居到京都的丹後半島。因為認識的牧場主人向他提議「要不要一邊看牛、一邊抄紙？」於是他便就此展開牧牛人兼抄紙匠的生活，而那已經是距今約40年前的事情了。「剛搬來這邊住的時候，我家因為沒有電，所以還曾經借著燭光手工打漿」，他曾經這麼告訴我。

三宅先生抄製的紙張中尤其特別的是竹紙。購買原料要花錢，但如果是竹子的話，牧場周邊就長了數不盡的竹子。他想起教他抄紙的師父曾說自己也抄製過竹紙，於是便從1987年開始挑戰自己伐竹、抄製成紙。但是要怎麼抄製從沒見過的東西呢？三宅先生因此一邊鑽研中國的書籍，一邊反覆進行研究。因為他跟我說「我要用竹子抄紙」，所以我一直滿懷期待地等待，可是1年過去、2年過去，最重要的紙卻始終沒有寄來。到了第3年，我終於收到100張竹紙了。一問之下才知道，原來一開始他抄製的100張中有98張都破掉了。由於竹紙薄如雁皮，因此放在木板上晾乾後要撕下來時會破掉。另外，要將竹子做成紙還需要「熟成」的步驟。倘若沒有讓竹子熟成、徹底腐敗，做出來的紙就會非常粗糙而且又黑又髒。三宅先生非常有毅力地和竹子奮戰。富有研究精神的他，從日期到原料、煮熟劑、打漿、熟成時間，將所有的一切都記錄下來，實在令人佩服。也因為如此，陳列在「紙的溫度」

以竹子為原料，熟成時間不同、厚度不同的竹紙。

三宅先生以各種原料抄製的紙。
左起為：東北瑞香、蘘荷、
香蒲、藤、白茅。

的竹紙也會附上日期。我們曾經請宍倉先生（參照第76頁）幫忙企劃編輯，將三宅先生的28種竹紙做成樣品本。如今，竹紙被用來修復國寶及國家重要掛軸等物品，見到三宅先生的手藝獲得認同，我真是再高興不過了。

開頭介紹的幾種植物全都是自然生長於周邊，或是三宅先生自行在田裡栽種。由於抄紙場位於高天山的山腳下，因此他將其總稱為「高天山植物圖鑑」。從前藤和東北瑞香也曾被當成抄紙原料，但因為採集困難，再加上抄紙工序過於繁瑣，現在已經沒有人那麼做了。或許就是因為那些植物如此難搞，看在三宅先生眼裡才具有挑戰的價值吧。「抄紙匠不想做的紙就由我來做」，如此說道的他真是個可愛的怪人。

抄好的紙張被放在三宅先生的工坊前曝曬晾乾。

三宅先生仔細地記錄抄過的紙張，
並運用在下一次製紙上。

為了將各種植物抄製成紙，
他每天反覆進行實驗。

運用智慧與巧思讓和紙發光發亮
在建築、室內裝潢業界大受歡迎的抄紙匠

楮染紙——黑谷和紙

京都・黑谷

畑野渡先生恐怕是目前最搶手的抄紙匠了。染成獨特色澤的大張和紙散發出不同於既有和紙的韻味，是飯店、餐飲店、住宅都爭相使用的室內裝潢材料。畑野先生是以黑谷和紙開啟抄紙匠的事業。1997年獨立後，他一邊製作自己的和紙，同時隸屬黑谷和紙協同組合長達10年。現在則是在抄紙工坊兼進行和紙實驗的自家，積極尋找和紙更多的可能性。

畑野先生的和紙全是以楮樹為原料。他將其染色後進一步施以含浸油脂等加工，使其具備足以成為建築內裝材料的強度和防水撥水性，完全一掃人們對於和紙不耐磨耗、耐久性不如壁紙的疑慮。他在美術大學裡主修油畫，當時培養起來的用色技巧，以及透過親赴眾多建築現場所獲得的設計品味，成為他的一大資產。以和紙來說，因為他是在黑谷學習抄紙，製作出來的紙張品質自然非常優良。抄紙業界的環境十分嚴苛，不僅薪資低，而且真要說起來應該算是一個封閉的世界。畑野先生一直都在思考如何讓自己最愛的和紙更加發光發熱、能夠為更多人所使用，最後他決定「我要一邊抄紙，一邊成為用紙的專家」，也就是成為一位能夠想像「什麼樣的和紙適合做這種用途？」的抄紙匠。

我曾經去他家拜訪過，不只是地板、牆壁、天花板，就連桌子的頂板、餐墊、盤子也都貼上了和紙。他真的是親身實驗。不僅如此，他還聯合日本全國各地的建築師、工程行，建立起和紙的供應制度。包括「紙的溫度」在內，全日本只有2間零售店有陳列畑野先生的紙，其搶手程度之高，讓不少建築師、室內設計師都前來指名購買。

畑野先生以楮樹抄製後染色的和紙。

明明是紙，看起來卻像布料的多種圖案
促使「紙的溫度」開店的重要存在

紅型揉紙──黑谷和紙

京都・黑谷

這種看起來宛如和服的紙，是以沖繩的傳統染織技法「紅型」將和紙染色。「紅」是指顏色，「型」則是指圖案，也就是用模板進行型染。金山ちづ子女士使用京都黑谷的和紙，從雕刻模板到指定顏色、染色，一手包辦。

金山女士當初會使用紅型技法的契機，是逾50年前，黑谷和紙協同組合的前理事長建議「為和紙增添附加價值應該比較好賣。妳覺得紅型染如何？」於是她便向紅型染的人間國寶和研究者請教、學習技術。金山女士的厲害之處在於，她積極地開發出了獨創的設計圖案。現年95歲的金山女士幾年前已退休，現在是由繼承人們負責染色，但「紙的溫度」仍保留了許多她退休前設計的圖案，從傳統花樣到時髦圖案約有上百種。有些是運用了她以前去和服和腰帶的型染教室時，教材中染在布料上的圖案（照片左），有些則是她自己的創作（中）。有的大膽、有的細膩，也有結合兩者的作品，設計風格豐富多樣。另外，她塗上蒟蒻漿糊後揉搓製成的強制紙帶有柔軟度，上漿程度恰到好處。型染紙是製作和紙人偶的和服時不可或缺的材料，而金山女士設計出來的圖案和人偶也非常契合，我想這應該是她認真學習過紅型染的關係吧。此外，也很推薦用這種紙裝訂書籍，或是直接放入畫框中作為裝飾。

我對金山女士的紙有很深的情感。我在開設「紙的溫度」前曾拜訪日本各產地，並遇見了這種紙。當時我下定決心，想著既然有這麼棒的紙存在，那麼即便和紙已是夕陽產業，也要努力推廣。當初若沒有遇見金山女士的紙，或許就不會開店了。如今，我仍能鮮明回想起當時在離開黑谷的回程車上，我和同行員工那段興奮不已的時光。

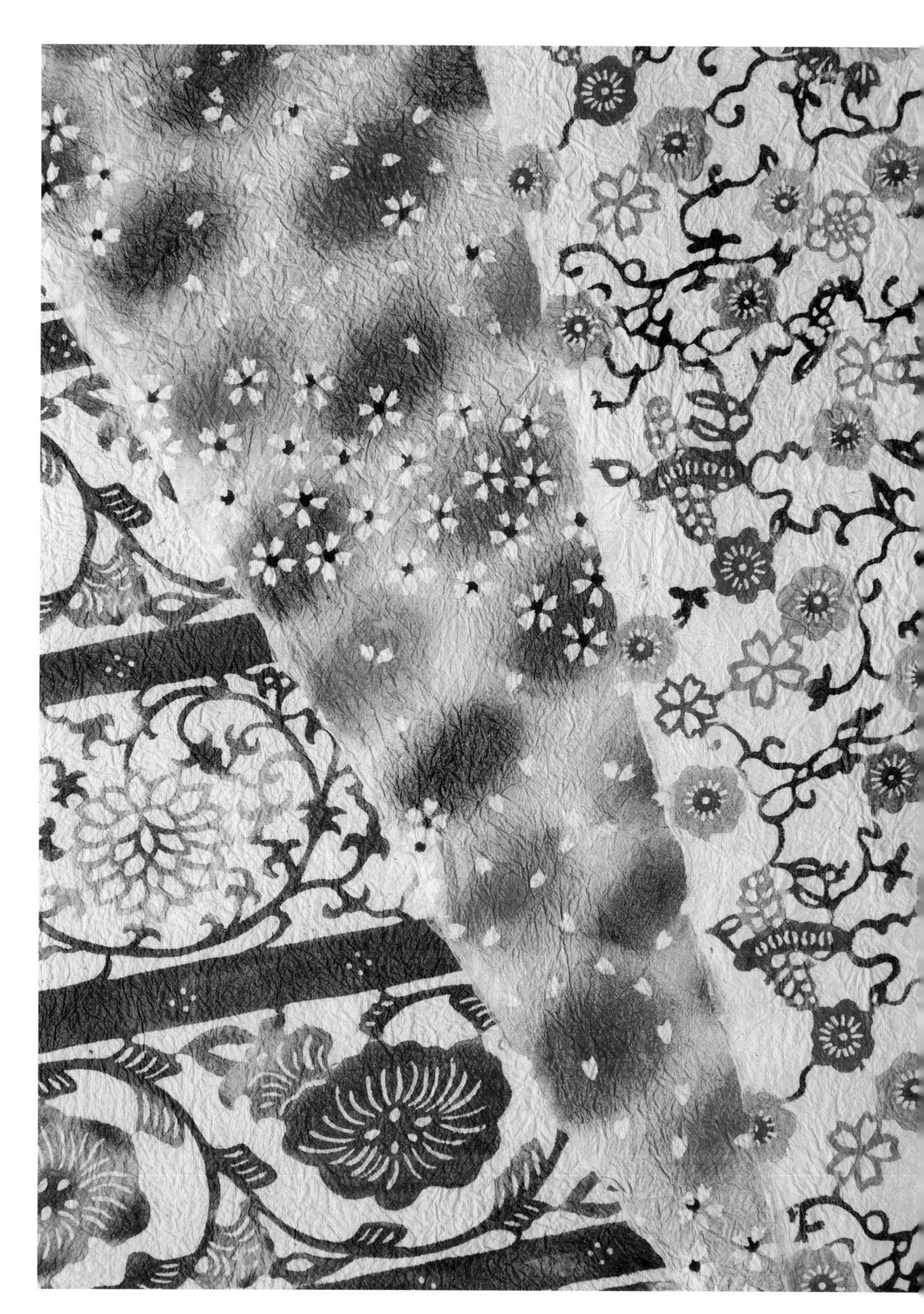

金山女士製作的紅型揉紙。
右邊是由金山女士為沖繩的古典圖案上色的作品。

京都・黑谷

散發保有日式傳統的京都特有的氛圍
黑谷品牌如今依舊健在

流水浮水印紙、強制紙

——黑谷和紙

黑谷和紙是指在京都府綾部市黑谷町、八代町及其周邊地區生產的紙張。相傳起源為：西元13世紀時，平家的落難武士從京城逃到黑谷藏身於此，為了謀求生計而開始抄製紙張。當時的人們會以雁皮和三椏作為原料，不過現在只以楮樹為原料製作楮紙。以前黑谷川沿岸有許多抄紙匠，也有個人的工坊，現在則是所有人都加入黑谷和紙協同組合，遵循傳統的手抄手法進行製作。

說起黑谷和紙的特色，果然就是和從前的京城京都密不可分。像是作為價格標牌、澀紙（紙型）、穿著和服時鋪在下面或保管時用來包和服的紙等等，黑谷和紙與京都和服可以說息息相關。從前的黑谷堪稱是京都專用的抄紙場和加工所。品質優良自然不用說，保有日式傳統的京都的氛圍也被帶入黑谷，讓黑谷和紙成為一大品牌。直至今日，仍有許多人需求註明了「黑谷」的信封、便箋、木版手刷的紅包袋、毛邊和紙明信片等商品。

強制紙有紅褐色、紅色、綠色等，無論是發色方式、均勻程度都相當出色。不僅顏色漂亮，從強度方面來看，黑谷生產的強制紙色紙同樣出類拔萃。另外，他們也很擅長浮水印技法，像是先染成清涼的水藍色再抄製的流水浮水印紙等，這類風情萬種的清透紙張真是讓人看了目不轉睛。儘管黑谷和紙的製作技法並非當地特有，然而明確強烈的「黑谷風格」無疑是這片土地的優勢所在。

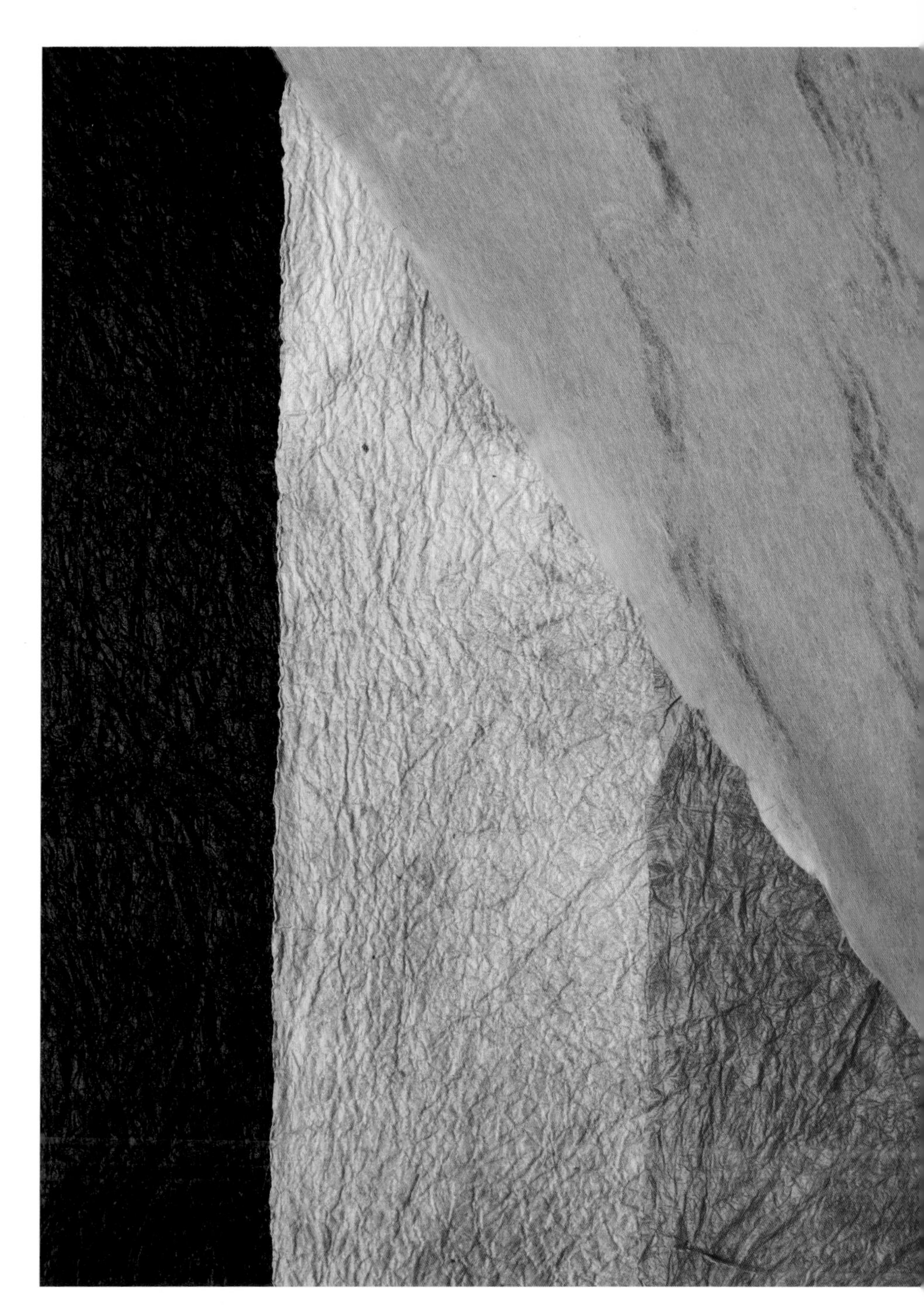

黑谷和紙的染色強制紙和流水浮水印紙（右上）。

杉原紙

全町動員，讓一度中斷的製紙傳統復活的稀有案例

杉原紙（左）和加入米粉的和紙（右）。

兵庫・多可町

杉原紙是關西的代表性和紙，據說在中世紀的武士社會是最廣為流通的紙張。但明治維新後，由於人們改從事其他收益較高的產業，且當地楮樹的採收量減少，故在1925年一度消失。1965年，當地的有志之士組成「杉原紙研究會」想要讓杉原紙復活，之後又設立町立的「杉原紙研究所」。1994年，隨著所有町民參與的「1戶1株栽培運動」展開，已幾乎可用當地生產的楮樹抄製和紙。這種全町動員讓和紙復活的例子，在日本非常罕見。杉原紙研究所目前抄製的有100%楮樹製的紙及加入米粉的楮紙。據說在江戶時代，米比紙張便宜，所以會將米當成增量劑。這堪稱是以重量交易的紙張特有的歷史。至於現代紙加入米粉的優點，是能夠讓質地變細緻，按壓雕版時不僅發色良好，墨水暈染的速度也較慢。但加入米就必須考量容易被蟲蛀的問題。

箔打紙——名鹽和紙

在產自六甲山系的雁皮中加入土壤
讓紙張具有製作金箔不可或缺的強韌度

箔打紙，以及將使用過的箔打紙裁成小張的吸油面紙。

兵庫・名鹽

由於六甲山系出產的雁皮品質良好，因此名鹽和紙的原料不是楮樹而是雁皮。馬場和比古先生抄製的是製作金箔時，用來敲打延展的紙張。金箔的製作方法為交互重疊黃金和箔打紙，以專門器具將黃金敲打成極薄的厚度。雁皮能夠做出纖維細密平滑的紙張，而在其中加入土壤能增加強度和耐久性，讓紙即便受到強力敲打也不會破損。馬場先生抄製的紙張，大半都是供應給盛產金箔的石川縣金澤市使用。為了確保今後能夠繼續製作上等金箔，聽說還有金箔製造商向馬場先生訂購了20年份的紙。都說箔打紙的品質決定了金箔的品質，可見馬場先生的紙確實深獲好評。「紙的溫度」除了有打上箔的紙，也有打之前的紙。順帶一提，女性熟悉的吸油面紙過去是以金箔製造商使用過的箔打紙製成，後來因為被量產品取代，照片中的吸油面紙於是成為停售的珍貴絕版品。

間似合紙——名鹽和紙

因「適用」於各種用途而得名
請觸摸感受含有土壤的奇妙質感

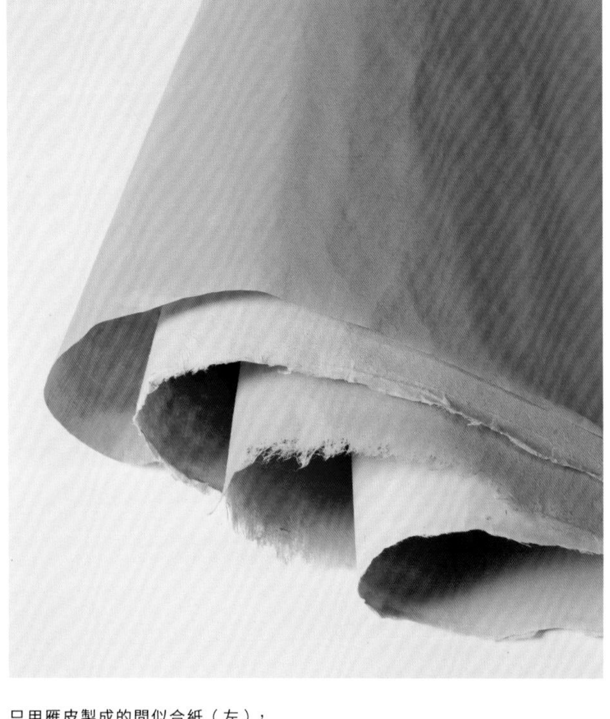

只用雁皮製成的間似合紙（左），
以及用舊紙製成的再生間似合紙（右邊3種）。

兵庫・名鹽

名鹽除了第137頁的馬場先生外，還有一間名為「谷德製紙所」的抄紙工坊。其上一代的谷野武信先生被認定為人間國寶，現在則是由兒子雅信先生繼承家業，抄製「間似合紙」。「間似合紙」也是加入土壤（泥土）製成的雁皮紙，並且是以日本罕見的溜漉法製作。因為加入了土壤，紙張呈現出些微霧面的奇妙質感。不易燃燒、不會變色、不會被蟲蛀也不會起皺的特性深受喜愛，經常被用來作為重要文化財的壁紙和拉門紙。再加上質地細緻平滑，不僅墨水不易暈開，顏料的發色也很好，因此也成為書畫和藝術字的用紙。「間似合紙」這個獨特名稱的由來，據說是因為無論做成紙拉門、屏風、隔板都適合；另外也有人說是因為這種紙和半間（三尺）的尺寸相符。除了在雁皮中加入土壤，也有在舊和紙中加入土壤製成的紙。紙的顏色會隨加入的土壤顏色而異。

宇陀紙——吉野紙

平時看不見，表具最底層的紙張
捲起掛軸時的無名英雄

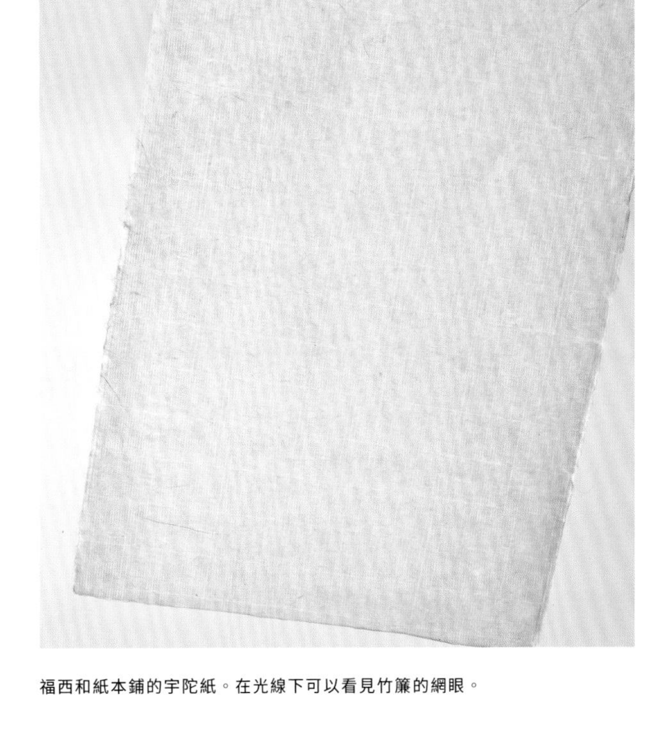

福西和紙本鋪的宇陀紙。在光線下可以看見竹簾的網眼。

奈良・吉野

歷史悠久的奈良縣吉野有在抄製用來修復的紙張。位於該地的「福西和紙本鋪」也製作修復書畫用的和紙，現在是由第六代的福西正行先生抄製。宇陀紙是用來補強表具的裱褙紙，由於從前吉野附近的宇陀町商人會行走各地叫賣這種紙，因而得其名。裝裱通常由3層紙組成。直接貼在畫、書背面的是薄美濃，作為緩衝材料的是美栖，最後才是宇陀。因為在楮樹內加入白土抄製，所以宇陀紙兼具了強度和柔軟度；而將宇陀紙放在最後，能夠讓掛軸無論捲起或展開時都十分順暢。不僅如此，宇陀紙耐保存的特性也帶來很大的好處。順帶一提，修復時最重要的是紙張和漿糊。好的表具店會把漿糊放在甕裡長時間熟成，讓漿糊幾乎失去黏著力，之後每次裱褙時再用刷子反覆拍打紙背、解開紙的纖維，使其接合。所以只要從背面灑水，紙張就會立刻分開，便於修復。

室町時代的最頂級面紙
輕薄柔軟又堅固

柔柔——吉野紙

因為濾漆時會把漆放進這個「柔柔」中擰絞，
所以又被稱為「濾漆紙」。

奈良・吉野

這款名為白雪的紙張別名柔柔，是由昆布尊男先生抄製而成。明明姓昆布卻身在吉野的山中，因為覺得這一點實在很有趣，於是第一次見面時我忍不住問他：「請問您出生在海邊嗎？」柔柔是起源於室町時代的最頂級面紙，輕薄柔軟的紙質讓人深深感受到室町時代貴族的優雅。厚度極薄卻兼具韌性，而且因為質地非常細緻，所以一直以來都被當成濾漆紙、濾油紙使用。和紙果然即便很薄，依然十分堅固。儘管自從不織布出現之後，這種紙就失去了用途，然而還是曾經有漆藝作家心懷感激地說「原來這裡有賣真正的濾漆紙啊」並買了下來。雖然對方說自己可能會捨不得拿來用，不過我還是希望顧客能夠體會看看歷史悠久的柔柔使用起來的感覺。

高野紙

由最後的抄紙匠交棒給公所女職員
從獨特製法中誕生的樸素楮紙

中坊女士的高野紙（左）和飯野女士的高野紙（右）。

和歌山・高野町

在第87頁介紹過的埼玉縣小川和紙的抄製方法，據說是傳自和歌山高野山麓細川村的強韌和紙。這個獨創的堅固高野紙，曾經因為最後的抄紙匠中坊佳代子女士在大約15年前退休而差點一度失傳。後來是由高野町的職員，原先在町史編纂室、目前則在教育委員會工作的飯野尚子女士繼承下來。她一邊工作、一邊拜訪中坊女士向她請教，學會了抄製方法。高野紙有著只抄製小尺寸的特殊性，做法是準備13張萱草簾，抄製完成後，在濕淋淋的狀態下立起來，放在板子上晾乾時，也不使用刷子，而是用手撫平周圍。我想或許就是因為這種紙如此樸實親民，飯野女士才有辦法一邊工作、一邊挑戰成功吧。高野紙會做成小尺寸是因為過去被當成傘紙使用，不過其實高野山上至今仍保留著作為文書之用的高野紙，而飯野女士的目標就是要使其重現。

抄製者的滿滿活力凝聚在紙張中
令人深受吸引的各種藍色

各種藍紙

大阪・泉佐野

明松政二先生是個活力充沛、非常大膽的人。他原本是公務員，31歲辭職後一邊幫忙家業，一邊造訪全日本的工藝產地，途中遇見了和紙。在茨城縣西之內學藝完成後，他回到生長的故鄉大阪泉佐野開設工坊。當地原本擁有豐富的地下水資源，但也許是受到關西機場興建的影響，水質有段時間惡化，於是他便另覓新地點，來到了鈴鹿山系的青山高原。我平時也會去拜訪，而每次他都會要我幫忙汲水。明松先生的好奇心十分旺盛，還曾在尼泊爾的山裡過夜，為了製紙可說不辭辛勞；我想，他的太太應該是非常辛苦。他也曾因為想用能在當地採集到的樹皮抄紙而走遍日本，無論是北海道距離稚內約2小時車程的音威子府，或是沖繩本島的東風平町（現為八重瀨町）和阿嘉島；其中他在沖繩使用的水是天水（雨水），如果沒有天水就使用自來水，再不然就用海水，而且還在海裡抄紙，這些驚人之舉簡直異常（！）。明松先生也是我所敬愛的怪人之一。此外，他還基於「樹皮就是植物」的想法，至今用過貝利氏相思樹、石榴樹、丹桂、梅樹、楓樹、山茶樹、夾竹桃、無花果等各種樹木的樹皮來抄紙。

明松先生的紙張多半是在個展的展覽會上販售，有銷售的店家大概就只有「紙的溫度」。近幾年他以藍紙為主題的展覽會非常有看頭，我們店裡也陳列了各式藍色紙張。聽說他是因為見過青金石的藍色後非常喜歡，便一頭栽進藍色世界。藍紙是以楮樹或雁皮作為原料，抄製完成後再以國內外的染料染出形形色色的藍色。明松先生的紙張活力洋溢，質地也非常迷人；沒有特定用途，是由紙張去挑選適合的主人。紙張中濃烈的生命力足以撼動人心。

從柔順平滑到強調原料纖維，表面質感各不相同的藍紙。

津山三椏箔合紙

不易產生靜電也不易受潮
適合夾在金箔中間的紙

橫野和紙

岡山・津山

有往內反摺的雙層部分。
照片中為雙層紙，所以會看到有2個雙層部分。

津山此處抄製的和紙，因為地名而被稱為橫野和紙。如今只剩下1間上田手抄和紙工坊，由第七代的上田康正先生抄製津山三椏箔合紙。岡山是三椏的產地，箔合紙則是夾在做好的金箔中間的紙。其特色是用消石灰而非蘇打灰煮熟三椏，根據紙張專家宍倉先生（參照第76頁）的分析，以此法抄製的箔合紙不易產生靜電，很適合用來夾住箔。而且也不易受潮，不會和箔黏在一起，對處理金箔的人們來說是不可或缺的紙張。用在金箔上的箔合紙是單層紙，但也有雙層紙。和楮樹相比，三椏的吸水性沒有那麼好，因此運筆時的感受和墨水的發色更佳，也很適合用來書寫假名。由於練書法的人都知道用三椏紙寫字會很漂亮，所以都喜歡購買這款紙。至於將邊緣摺成兩摺的原因，是為了方便脫水後從紙床上撕下來。這個雙層部分常見於薄紙，堪稱是手抄和紙的證明。

將2張貼合成1張的奇妙紙張
認真投入的年輕抄紙匠

十川泉貨紙

高知・四萬十町

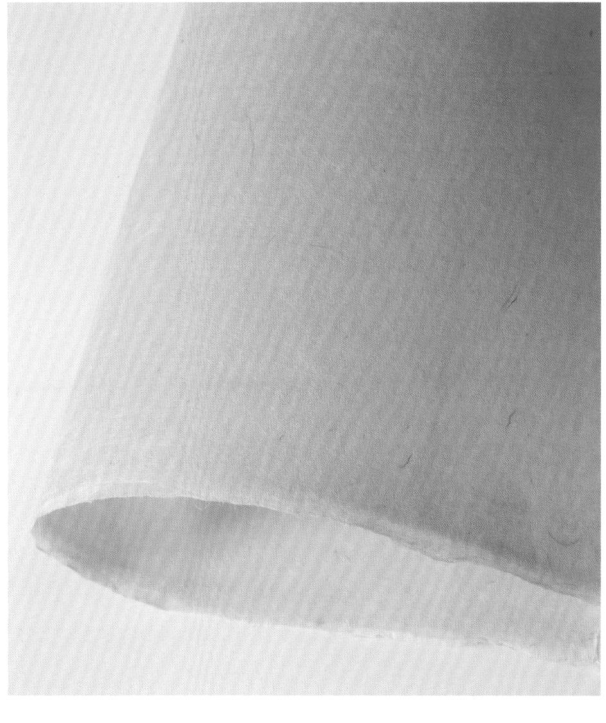
十川泉貨紙。

熟悉紙的人應該都聽過仙花紙和仙貨紙吧。前者是又厚又粗的和紙，後者則是漫畫週刊常用的粗糙紙張，兩者的品質都不太好。泉貨紙的日文發音雖和兩者相同，質感卻完全不同，它是以2張貼合成1張的特殊製法製成的和紙。其名取自最初抄製者的稱號。由於抄好後就馬上貼合，因此就像1張稍微較厚的紙，非常不可思議。泉貨紙非常堅固，原本是用作裱褙紙。雖然全日本只剩下2、3間工坊在抄製，但在高知的四萬十町有位令人期待的年輕抄紙匠。現年30多歲的平野直人先生，他從母親和身邊的人學習到泉貨紙的技術。父母也很支持高中畢業後隨即踏上抄紙之路的平野先生，聽說身為木工的父親還親手為他蓋了工坊。他也自行栽種楮樹，並為了夏天到秋天的抄紙時期專心地進行事前準備。見到年輕人如此投入地製作和紙，真是讓人感到無比欣慰。

帶有美麗光澤的草木染雁皮紙
請把握收藏的最後機會

土佐七色紙

——土佐和紙

高知・伊野町

土佐和紙和美濃和紙、越前和紙並稱為三大和紙，據說其起源為寫下《土佐日記》的平安時代歌人紀貫之，在擔任土佐國司時為獎勵製紙業而來，因此歷史相當悠久。「鹿敷製紙」現在是由第四代的濵田博正先生負責經營。

鹿敷製紙的特色是以機器抄製品質極佳的紙張，基於「以機器抄製手抄紙」的想法，原料的處理方式和手抄時別無二致。博正先生的祖父繁信先生的手藝非常好，身邊也聚集了多位好工匠。可能是因為把他們的和紙當成標準了吧，博正先生的紙儘管是機器抄製卻絲毫不顯遜色，甚至獲得修復業界「如果是鹿敷的紙（就算是機器抄製）就沒問題」的認同。一般說到機器抄紙都會想到大量生產，但鹿敷製紙不同，他們的機器動得非常慢，慢到花的時間可能都和手工抄製差不多了。他們尤其擅長製作薄款的雁皮紙，也可以說機器很適合用來做出品質一致的薄紙。不只修復人員，也有許多從事「雁皮刷」的銅版畫家是這款紙的愛用者。雁皮刷是把雁皮紙夾在銅版和紙之間進行印刷。這種技法印出來的成品帶有光澤，連畫中細節都能如實重現。

顏色清淡美麗的雁皮紙稱為「土佐七色紙」。由於在江戶時代是幕府指定的進貢品，受到藩的保護，因此成為眾所皆知的土佐特產。雁皮紙進行草木染時是使用楊梅、梔子花、藍草、蘇木等。雖然有手抄和機器抄2種，不過現在就連鹿敷製紙也已不再製造，僅提供倉庫內現有的庫存。這種紙輕薄又帶有光澤，十分美麗，目前尚有存貨的是櫻花色、淺紫色、水藍色以及偏暗的水藍色。這些同樣也受到許多銅版畫家喜愛，甚至有人一次就買下多張。

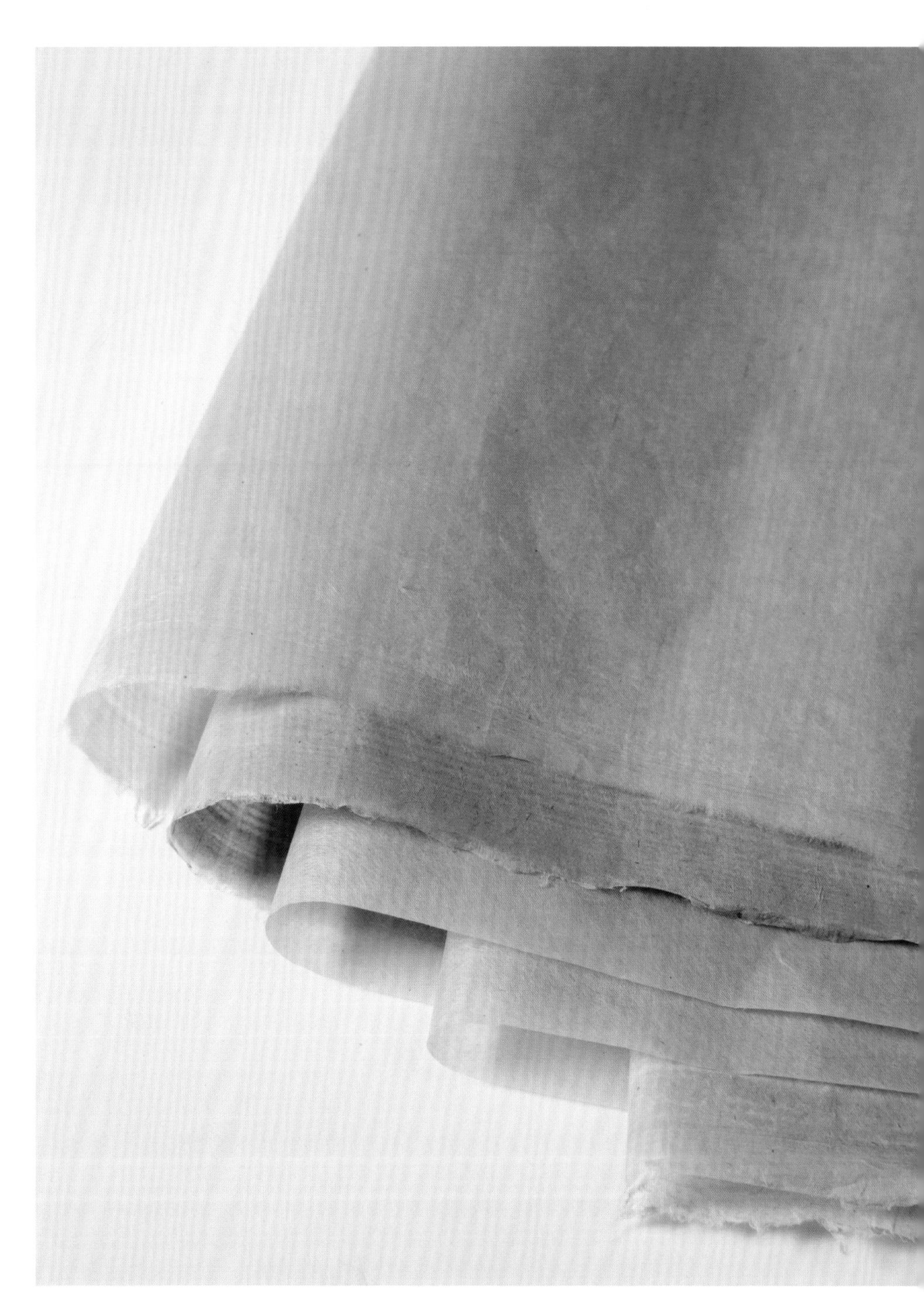

上一代製作的手抄紙有毛邊，
沒有毛邊的是第四代以機器抄製、帶有光澤的彩色雁皮紙。

以極薄卻堅固、常用於修復的楮紙為原紙
細緻的雲母散發出優雅光芒

雲母典具帖紙 —— 土佐和紙

高知・日高村

典具帖紙是以楮樹抄製成的極薄紙張，薄到有「蜉蝣翅膀」的稱號且非常強韌。最薄只有0・02公釐左右，甚至可以清楚看見紙張後面的東西。最初起源於室町時代的美濃，不過後來也傳到了土佐。典具帖紙最為人熟知的用途是作為打字機用紙。為什麼明明是和紙，卻和打字機扯上關係呢？這是因為典具帖紙曾經在1881年舉辦的第二屆內國勸業博覽會上亮相。由於墨水不易暈開，又具備打字時不會破損的強度，這款紙因而受到好評。

位於日高村的「日高和紙（ひだか和紙）」是專注製作典具帖紙的工坊，他們在1969年也引進了機器。這種紙因為非常薄，在日本國內外經常用於各種修復。不僅可以為書畫進行暫時性加固，也很適合做成皮革裝幀書。典具帖紙在國外是很受歡迎的油畫修復用紙，只要將其像網子一樣覆蓋在龜裂的油畫顏料上再塗上清漆，薄薄的典具帖紙就會變得看不見，非常方便。另外，日高和紙在2021年，將鳥取某間停業的和紙工坊的所有員工連同機器收羅招攬，我認為這是非常明智的決定。2間工坊的合併讓色彩種類增加，不僅如此，他們現在仍持續努力擴大色彩資料庫。因為建構資料庫這件事有許多產地都挑戰到一半就放棄，所以我很希望他們能夠堅持到最後。

色彩豐富的色典具在新作中加入雲母。薄薄的典具帖紙上散布著細緻的雲母。藍色的宛如七夕夜空，黑色的則彷彿黑暗中閃爍著星光。雖然也有其他工坊在紙中抄入大塊雲母，但典具帖紙與細緻的顆粒尤其適合。色典具經常用作押花和拼貼畫的背景，但稍微奢侈地當成包裝紙或製作和紙工藝，應該更能突顯紙張美麗閃耀的光芒。

日高和紙的雲母典具帖紙經過斑駁染、漸層染，
裡面含有閃爍的雲母。

深受書法家喜愛的紙張
第四代抄紙匠發揮楮樹和三椏各自的特色

清帳箋、清光箋、瑞穗染紙 ——土佐和紙

高知・仁淀川町

高知的仁淀川町寺町地區過去約有70間抄紙工坊，如今只剩下尾崎製紙所1間。第四代的片岡あかり女士是三姊妹中的次女，從小學就開始幫忙製紙，現在則和原為公務員的丈夫久直先生一起。當初我去拜訪尾崎製紙所時，被其地點嚇了一大跳，工坊完全是蓋在懸崖上。由於工坊周邊全是陡坡，無處晾紙，所以都是用纜繩吊起運到別處，讓我大為吃驚。我到現在還記得，在行駛過沒有護欄的山路之後，我和員工下車時是多麼戰戰兢兢。

片岡女士抄製的紙，是深受全日本書法家喜愛的高級畫仙紙。大家都不是拿來練習，而是用在正式書寫。以楮樹抄製的「清帳箋」吸墨性佳，適合用來寫以粗筆沾取大量墨汁的漢字。有65×182公分的大張紙、75×140公分的全紙及其一半、四巾的尺寸。以前原本是做成38×102公分，因為某位書法家的委託，才開始抄製75×102公分（四巾）的規格。為了回應顧客的要求，第二代還重新訂製工具，結果此舉為工坊搏得眾多好評。後來同一位書法家又委託抄製三椏紙，於是便誕生了「清光箋」。清光箋的墨水發色度佳，建議用來書寫字體細小的短歌、和歌。「瑞穗染紙」是先在楮紙上進行土砂引加工再染色，呈現的色澤非常漂亮，共有綠、藍、紫、褐4色，另外也有未經染色的未漂白紙。

照片中看起來像電線的東西，
是用來把紙運到晾乾場的纜繩。

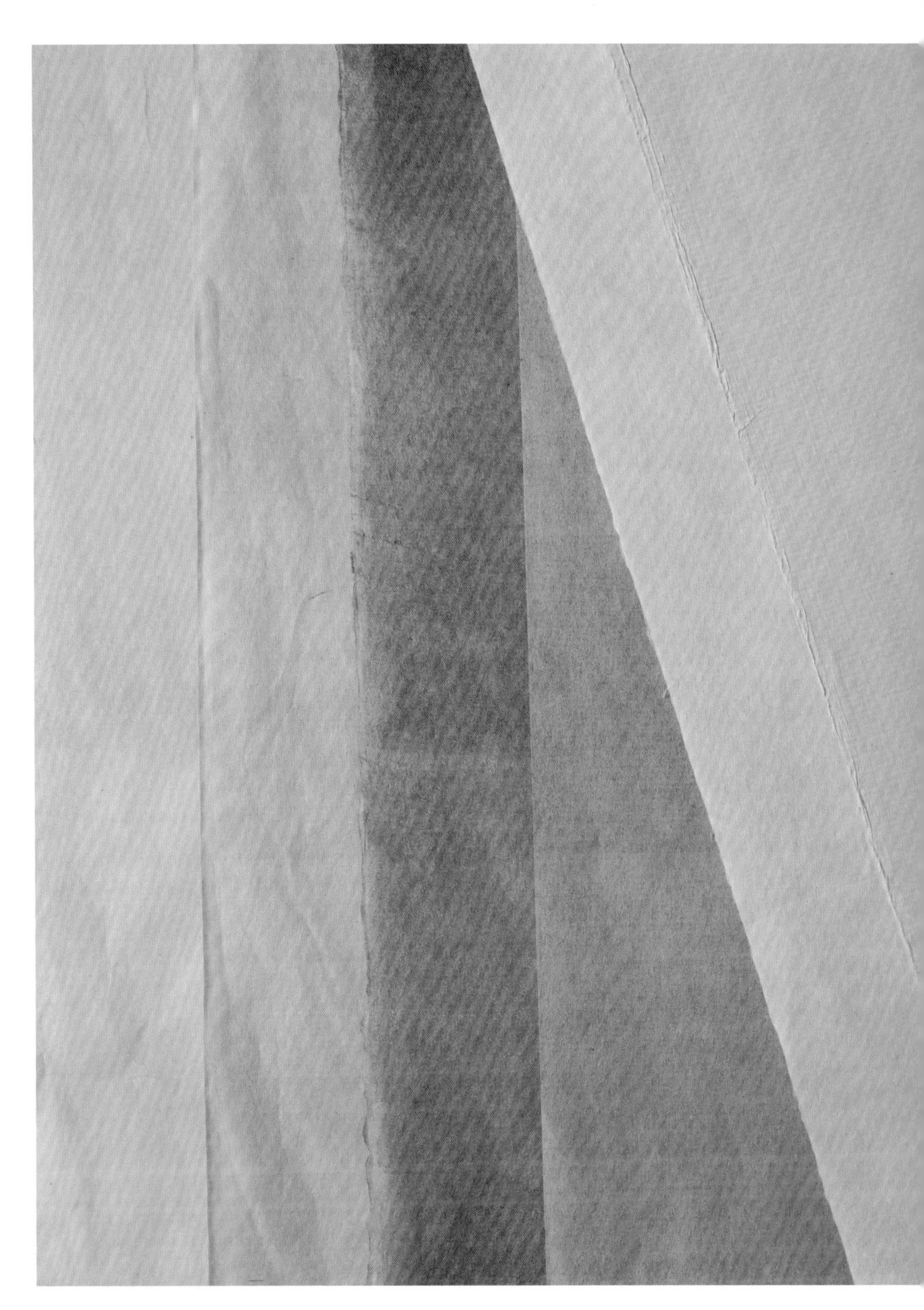

照片左起為：瑞穗染紙（4色）、清帳箋、清光箋。

麻的纖維最長可達25公分
並帶有可取代畫布的厚度

高知麻紙——土佐和紙

表面較為滑順、背面凹凸不平的高知麻紙。

高知・伊野町

原料中有用到麻的紙張稱為麻紙。尾崎製紙所的麻紙原料是麻和楮樹，他們為了將手抄的動作替換成機器，透過反覆嘗試不斷地進行改良。麻有一項特徵是纖維比其他植物來得長。比方說楮樹的纖維約為1公分，麻則長達2公分到25公分。由於纖維過長就不會纏繞在一起，因此有時還得剪短才行。另外，因為麻的纖維捲曲，彼此重疊時會產生縫隙，所以要使用楮樹來填補空隙。麻紙是為了取代畫布而生。做好的麻紙觸感粗糙、表面輕微凹凸不平，若是經過土砂引加工則「粗糙感」會更加明顯，而這一點和顏料非常契合。還有，麻紙帶有厚度，如果是特厚口、厚口就不需要另外裱褙。裱褙是很麻煩的一件事，可以省略這個動作也是麻紙大受歡迎的原因。

明明不含雜質卻被稱為「茶塵」
適合用來裱褙表具

裏張紙（古代色）——土佐和紙

也被通稱為「茶塵紙」的裏張紙（古代色）。

高知・伊野町

一如「內外典具帖紙」的公司名稱，高知過往就有抄製典具帖紙（現在是機器抄紙）。這裡介紹的「裏張紙（古代色）」是主要用於裱褙表具的紙張，且明明不含雜質，卻有著「茶塵」的別名。為了要貼在古老掛軸等表具背面才將其做成茶褐色。我也認為那種看似老舊的顏色很有味道。由於好奇茶塵的別名，一問之下得知，手抄時代曾用滿是雜質塵土的原料抄製，所以稱為「塵」。雖然紙張不同，卻保留了這個稱呼。被稱為塵的紙是內含原料的硬莖、質地堅固、顏色偏土黃的褐色紙張，裱褙和修復唐紙為其主要用途。裏張紙是由40％的楮樹和60％的木漿混合製成，因此價格親民，我在自家牆壁貼和紙時，也會先貼上一層裏張紙。由於亦可作為緩衝材和用來加厚，也有人會用其為格子門的腰張打底。這是一款總是默默在背後支持主角、歷久不衰的紙張。

自由揮灑、不受形式拘泥的染色
創作欲望隨著年紀增長益發增加

夢幻染和紙 —— 土佐和紙

高知・伊野町

田村晴彥先生的「夢幻染」和紙讓人感覺就像在看一幅畫。他的家族原本就是從事抄紙工作，於是他也以第三代的身分繼承家業。我們剛開始往來時，還是由抄紙工匠負責抄製。使用刷子創造出條紋圖案等的引染，是從他父親那一代開始傳承下來。據說田村先生從年輕時就對染色很有興趣，大概從20多歲便開始創作用刷子為和紙上色的作品。後來因為始終專注於製作原料的父親在94歲時去世，再加上染色的訂單增加，於是他便在自己60歲時決定專心投入染色紙的製作。夢幻染是田村先生自行開發出來的技法，因為展現出如夢似幻、不受形式拘泥的自由感而有了「夢幻」的名稱。藉著將防暈染劑滴在紙上，讓該部分不會沾上染料，而那些空白處不僅看起來像水花，更突顯了染色部分。這種紙也常被用於拼貼畫，或是作為拼貼畫的底紙。

非常難得的是，這種紙不是以斑駁染、板染這類技法為名，而是讓夢幻染這個獨創的染色名稱獲得大眾的認可。我想田村先生是真的非常想要全心投入創作。「紙的溫度」所販售的紙，一開始也是全權交由他本人發揮感受力去染色，現在則是會把Lokta紙交給他，請他幫忙進行夢幻染，另外有時也會由我們這一方指定顏色。在室內裝潢使用和紙或Lokta紙時，一般多半會選擇素面款式，不過也有許多建築師和室內設計師喜歡夢幻染，甚至有人不只牆壁，也把紙貼在桌子上。田村先生除了夢幻染之外，也從事以刷子完成的變型染等。他總是保有年輕的感受力，擁有源源不絕的創作欲望。那份將每一張紙當成作品創作的豐沛活力實在令人佩服。

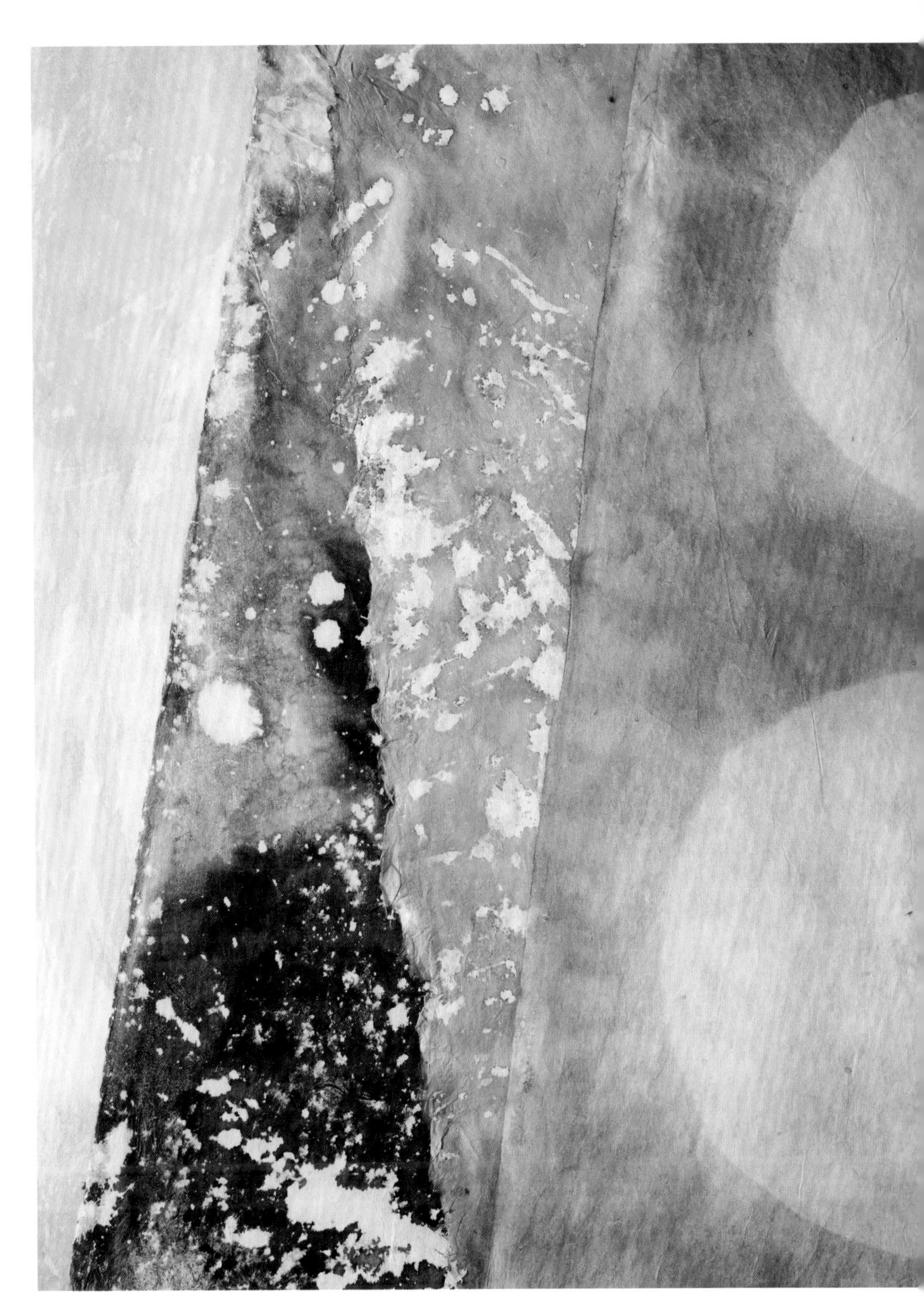

照片左起為夢幻染（3種）和變型染。

世上唯一加入柿澀抄製的紙
優雅櫻花色的變化過程也值得期待

柿澀漉込和紙、楮雲龍紙（荒筋）

——因州和紙

鳥取・青谷

鳥取作為和紙的產地，從前給人的印象並不是很好。因為他們過去曾經是大阪商人的承包商，對於商人「加入木漿抄製」的要求，即便覺得不滿也乖乖順從。再加上那些商品上還標示著100％楮樹製成，想必他們心裡一定很不甘心吧。由於我也曾造訪鳥取，嚴詞聲明如果原料中加入了木漿就老實說出來，結果有些工坊後來就變成只用楮樹抄紙了。看樣子，我的嚴厲態度確實在鳥取起了一些作用。

柿澀紙一般是指在抄好的紙上塗抹柿澀。根據專家的意見，由於抄紙時使用的黏合劑（讓纖維容易纏繞的物質，主要是使用黃蜀葵）和柿澀不相容，所以無法加入柿澀抄製，但是池原製紙的池原和樹先生卻在紙料中加入柿澀。據說他是聽取鳥取縣公家機關的研究員建議後，決定付諸實行。塗抹柿澀時，無論如何都會留下刷痕，可是這款紙卻非常均勻，而且最吸引人的是淡淡的優雅櫻花色十分漂亮。池原先生大概並不打算加入塗抹這道工序，從頭到尾都只想在抄製過程中使用柿澀吧。我非常喜歡這款紙，還曾經將其貼在自家和室的牆壁上。雖然顏色會隨著時間過去漸漸加深，不過最深也只會變成柔和優雅的褐色。這款紙是以100％的泰國楮樹為原料手抄製成。

另外值得一提的是，池原先生也有在製作平價的和紙。以泰國楮樹製成的雲龍紙，30×49公分的小尺寸只要100多日圓。纖維交織出的雲朵花紋和荒筋韻味十足，如果是想要「有和紙味道的紙」，那麼這是不錯的選擇。除此之外也有馬尼拉麻90％和日本楮樹10％的產品，同樣也是100多日圓。加入馬尼拉麻會讓紙質變得堅固。

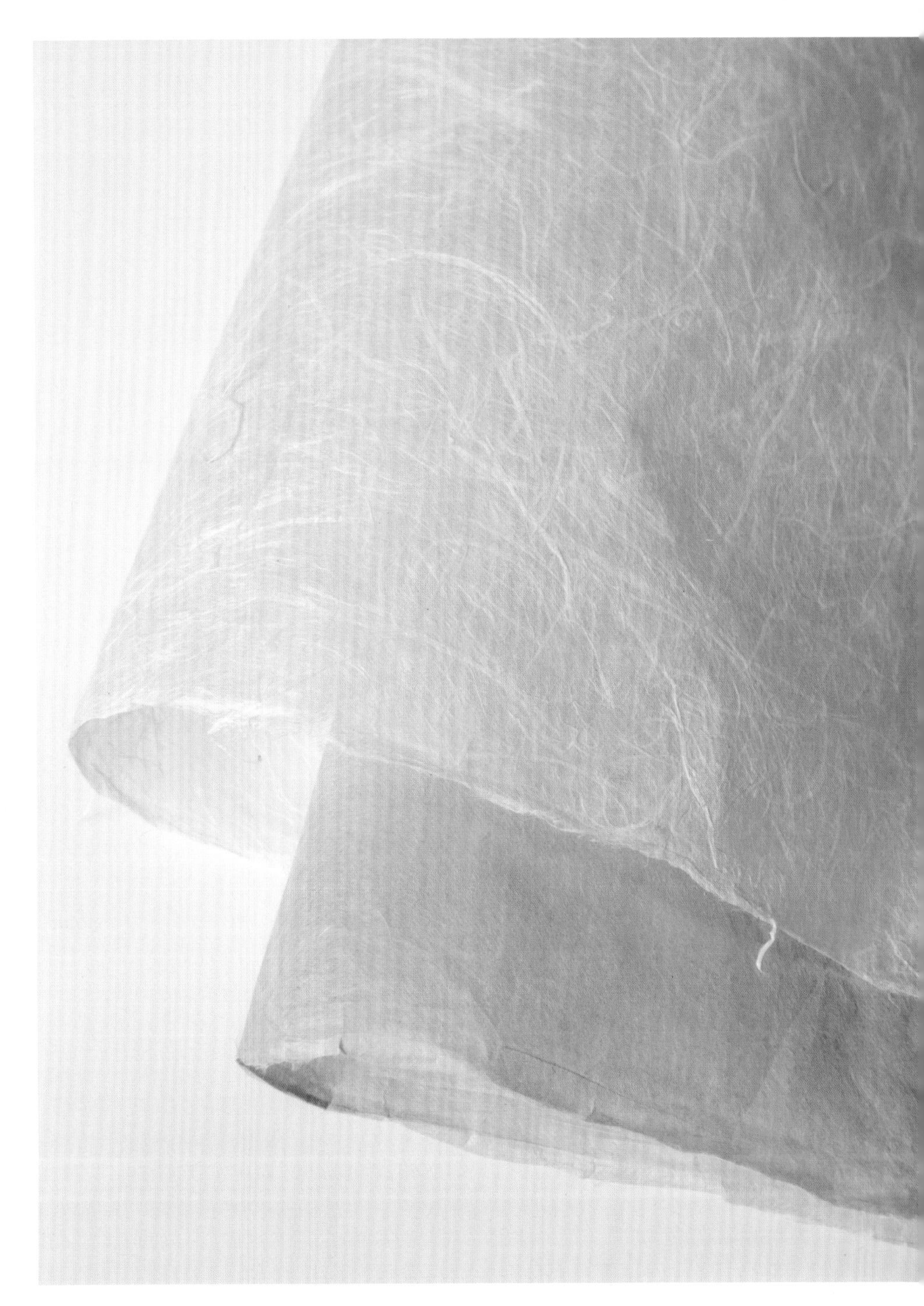

照片上方是池原製紙的楮雲龍紙（荒筋），下方是柿澀漉込和紙。

首款日本製的純Lokta紙
還能欣賞到與尼泊爾Lokta紙相異之處

Lokta手抄紙——因州和紙

和雁皮紙相似，帶有些許光澤的日本製Lokta紙。

鳥取・青谷

之前在第12頁介紹過，Lokta是一種生長在尼泊爾的樹木。我一直對於在日本抄製Lokta會變成什麼樣的紙很感興趣，但是因為之前要進口Lokta的原料很困難，所以直到最近找到管道進口才終於實現這個願望。鳥取縣的長谷川憲人先生和我相識已久，他平常是在抄製楮紙以及製作板締染紙。我憑著彼此的好交情試著詢問他能否幫忙製紙，他立刻爽快答應，然後就抄製出不同於當地樸實的Lokta、漂亮又高雅的紙張。2018年，日本抄紙匠首度抄製出百分之百的純Lokta紙。比起楮紙，質感更類似於同為瑞香科的雁皮紙，是帶有微微光澤感的紙張。只不過和長谷川先生平時抄製的楮紙相比，這款紙裡面會含有細小的樹枝，可能是因為雜質很難徹底去除的關係吧。因此，我請他幫忙製作的數量全都由「紙的溫度」收購。

稀——石州和紙

留下楮樹的甘皮是這個產地的特色
由4間工坊建立起自有品牌「稀」

久保田先生的「稀」。
「紙的溫度」有四判（半紙的4倍大）的規格。

島根・濱田

島根縣濱田市（原為三隅町）現在有4間工坊，他們共同擁有「稀」這個品牌。與美濃和紙的本美濃一樣，他們將各個工坊最頂級的楮紙取名為「稀」。石州和紙的特色在於原料的處理。一般蒸完楮樹要剝皮的時候，會去掉黑皮和下面的甘皮（又稱為青皮），只留下白皮。但是這裡卻會保留甘皮，採取名為「なぜ皮（nazekawa）」的製法。因為甘皮是綠色的，所以做好的和紙顏色也會比其他產地稍微偏綠。

由於這4間工坊都有自己的田地，因此是使用當地的楮樹進行抄製。石州和紙久保田的久保田彰先生除了楮樹外，也有在抄製三椏和雁皮。「紙的溫度」販售的久保田先生的「稀」是四判規格。購買「稀」的書法家非常多，墨水不易暈開這一點深受喜愛。另外，石州半紙也是表具所不可或缺的材料。

憑藉高超手藝
塗上3次很難抹勻的柿澀

柿澀染和紙——石州和紙

揉紙的柿澀染和紙（上）和一般的柿澀染和紙（下）。

島根・濱田

西田和紙工坊現在是由第七代的西田誠吉先生，以及他的和兒子勝先生一同經營。以楮樹為主，西田和紙工坊也有製作三椏和雁皮的手抄紙。可能是要用來修復吧，美國的波士頓美術館每年都會向他們訂購一定數量的楮紙。另外，在這個地方的傳統藝能之一「石見神樂舞」中登場的「蛇胴」也使用了西田先生的和紙。大蛇身上綴滿震撼力十足的彩色鱗片，實在相當有看頭。柿澀染和紙無論抄製還是染色，都是由西田先生親自作業。柿澀要塗抹均勻非常困難，很容易就會變得斑駁，但是經驗老到的西田先生卻能在薄薄的楮紙上重複塗抹3次，而且抹得非常漂亮。柿澀的顏色會隨著時間過去加深。此外，因為具有防蟲、防水的效果，所以柿澀染和紙一直以來都被做成番傘、雨衣等用品。

料紙——石州和紙

非常懂得如何襯托字體
高度水準兼顧抄製與料紙加工

島根・濱田

加入部分落水圖案的紙（上）、抄入金箔的紙（右）、
用雕版印刷的料紙（下）。

西田製紙所的西田裕先生十分擅長製作料紙。他特地劃分出一個不同於抄紙場的空間，專門在那裡製作各式各樣的料紙。他製作的每種料紙都很有趣，像是在楮紙中抄入金箔、一部分使用落水技法等等，他非常清楚什麼樣的料紙能夠將字體襯托得更加美麗，也可以說他完全掌握了字體的可看之處。另外，擁有許多雕版能夠製作出複雜圖案，也是他的強項之一。他以相當高的水準兼顧了抄紙與料紙加工，實在非常了不起。不僅如此，由於他對於楮樹、雁皮、三椏的特性十分了解，因此能夠配合顧客要求的書寫手感來改變原料的比例。比方說如果只有雁皮，寫完等墨水乾掉後，會產生拉扯感，但只要加入三椏就可以抑制這種情況發生。我們也有將極薄的Lokta紙交給西田先生，請他用雕版幫忙印製花紋。雕版刻紋磨損處印出來的模糊紋路也別有一番風味。

全心全意製作和紙的安部榮四郎先生
其技術與精神至今仍被後人所傳承

出雲民藝紙

——出雲和紙

島根・松江

島根縣松江有位堪稱近代和紙的先驅，那就是安部榮四郎先生（1902～1984年）。安部先生出生於抄紙匠的家庭，在島根縣工業試驗場紙業部嘗試過各種抄紙方式、提升技術之後，巡迴島根各地，為工匠進行技術指導。1931年，安部先生迎來了一場改變他人生的邂逅。那一年，民藝運動的發起人柳宗悅先生造訪松江，見到雁皮紙後盛讚「這才是日本的紙」。從此安部先生便加入民藝運動，「出雲民藝紙」也因而誕生。為了將楮樹、三椏、雁皮這三者各自的特色發揮至極致，安部先生費盡心思。後來從1960年開始，他與研究家一同針對正倉院寶物殿內保管的紙張展開調查研究，花了整整3年的時間，終於成功復原堪稱和紙原點的正倉院寶物紙。1968年，他成為首位被認定為人間國寶的和紙從業人員。安部先生也在日本國內外舉辦多場展覽會，大力推廣和紙的魅力。1983年，「安部榮四郎紀念館」開幕，公開展出和紙的相關資料和民藝品。透過縝密詳細的紀錄，可以感受到安部先生這一生對和紙投入多大的熱情。沖繩的芭蕉紙（第171頁）能夠復活也要歸功於安部先生。

安部先生的工坊「出雲民藝紙工房」現在由孫子信一郎先生和紀正先生繼承，由兩人共同守護榮四郎先生的技術與精神。出雲民藝紙有染色紙、八雲雲紙、水玉紙等，種類豐富。以三椏紙染色的染色紙每款顏色都很漂亮，不過「紙的溫度」特地引進了紺色。這款紙的發色度極佳，讓人幾乎誤以為是藍染。八雲雲紙則堪稱創作和紙的代表，可以透過不同顏色的不同配置方式，產生出各式變化。彷彿鬆軟雲朵飄浮空中的色彩真是教人百看不厭。

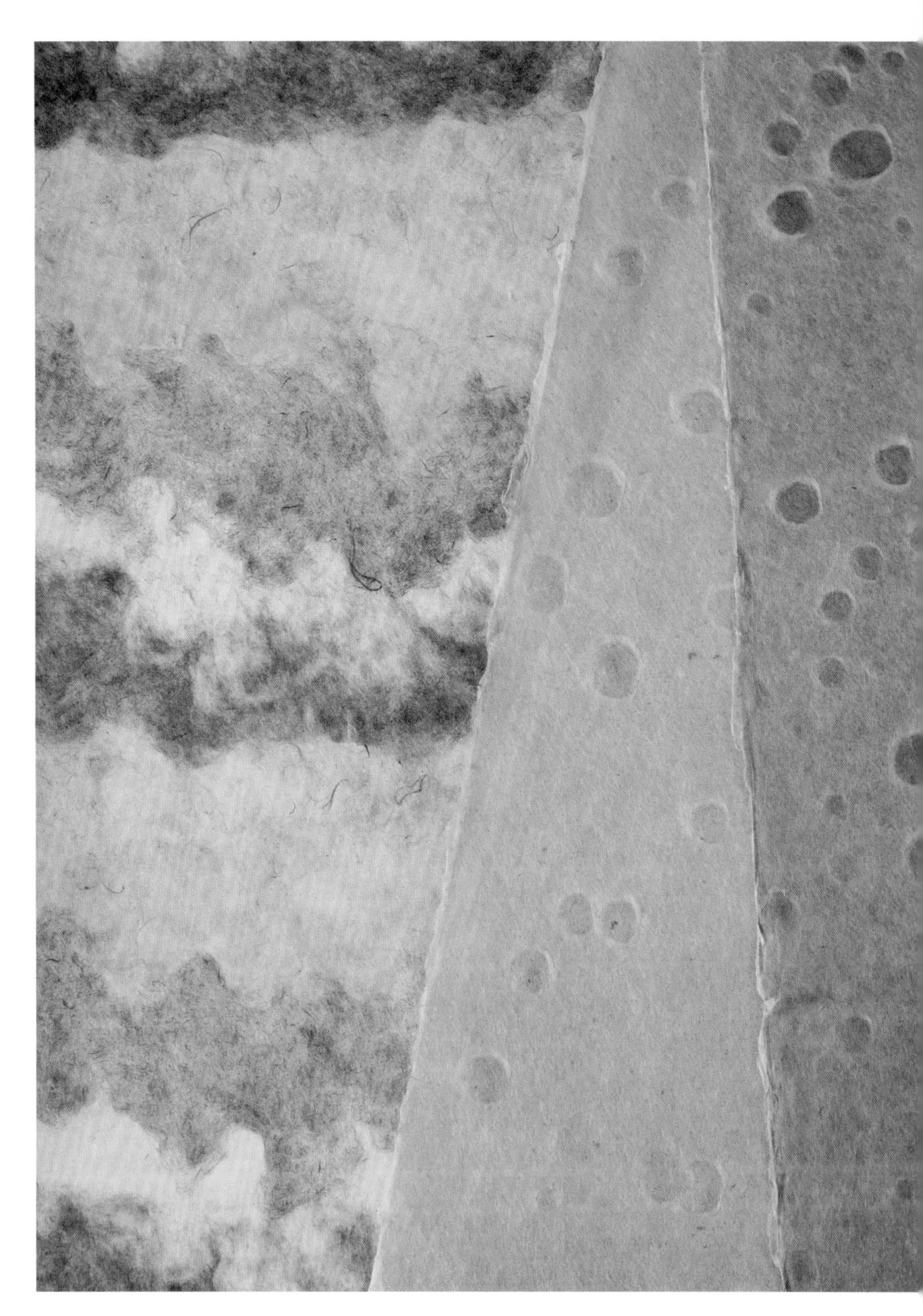

照片左起為八雲雲紙、水玉紙（2色）。

泥土竟如此繽紛
木板紋路竟如此清晰

泥染和紙、板目和紙

——斐伊川和紙

井谷伸次先生的工坊「斐伊川和紙」位於流經奧出雲的斐伊川附近。一如字面所示，泥染和紙是用泥巴染色的雁皮紙，有赤土、白土、鬼板、踏鞴鐵這4種。如果各位一直以為土是褐色的，那麼應該會很驚訝原來土有這麼多種顏色。

赤土是內含氧化鐵的泥，白土則含有碳酸鈣和石灰。白土感覺起來和灰泥非常相似。各位可能對鬼板這個詞比較陌生，但其實這是陶藝所使用的一種釉藥，也就是褐鐵礦（含有鐵化合物的礦物）。至於踏鞴鐵中則有細小粒子狀的鐵。生產日本刀的材料玉鋼時，會使用到名為「踏鞴製鐵」的技法。這個地區的人們過去也曾經在斐伊川採集鐵砂，以此法製鐵。歷史上還有居民們自己製鐵，做成刀劍和菜刀販售的紀錄。那時，他們會將品質無法製刀的鐵扔在河灘上，於是井谷先生使用那些混雜鐵質的泥土抄製紙張。他製作的泥染和紙每一種都很厚實，許多人喜歡將其當成壁紙使用。因為很厚，不需要另外打底也是它的優點。

雖然現在店裡沒有陳列，不過「紙的溫度」之前曾經販售井谷先生用木板晾乾的雁皮紙。這款紙上可以清楚看見轉印的木板紋路。綠色、粉紅色的粉彩色調和木板紋路之間的對比十分特殊，做成信封或便箋尤其突顯其個性。既然只是放在上面晾乾，木板紋路就能清楚印在和紙上，想必那應該是經過長期使用、已經乾縮的木板吧。我猜，那恐怕是從江戶時代就使用到現在了。

島根・斐伊川

泥染和紙。照片左起為：鬼板、白土、赤土、踏鞴鐵。

可以撕下的特色讓顏色產生深淺變化
應該有拼貼畫以外的用途

可撕和紙 —— 廣瀨和紙

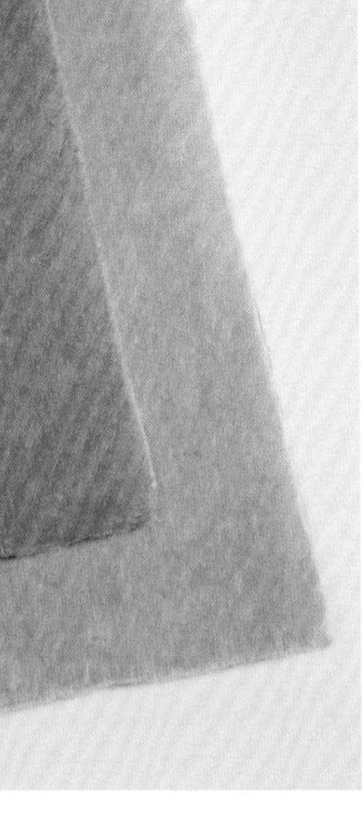

由於抄製成雙層，因此只要撕破
就會呈現獨特的雙層切口，很適合做成拼貼畫。

島根・安來

長島勳先生的「廣瀨和紙製作所」位於島根縣安來市廣瀨町，他所製造的小型手抄色紙有個十分有趣的特徵。紙張是以三椏抄製而成，乍看就是一張普通的和紙，但實際上卻是可以撕下的雙層紙。沒有撕下和撕下後的2種狀態分別呈現不同的厚度，讓顏色的深淺因此產生變化，所以常被用來製作藉著重疊顏色表現作品的拼貼畫。另外，因為這種紙宛如斷層般有著各種厚度，所以能夠展現出不一樣的感覺。「紙的溫度」的員工中，也有人曾經對可撕下這一點感到有趣並為之著迷。廣瀨町原本長久以來僅存1間長島先生的工坊，不過在他的工坊學藝的大東由季小姐今年獨立了，於是變成了2間。大東小姐今年才27歲，見到廣瀨和紙有了年輕的繼承人，長島先生想必一定很高興吧。

肌裏、美須、宇田——八女手抄和紙

為了向表具用紙的前輩致敬
於是取了只差一字的名字

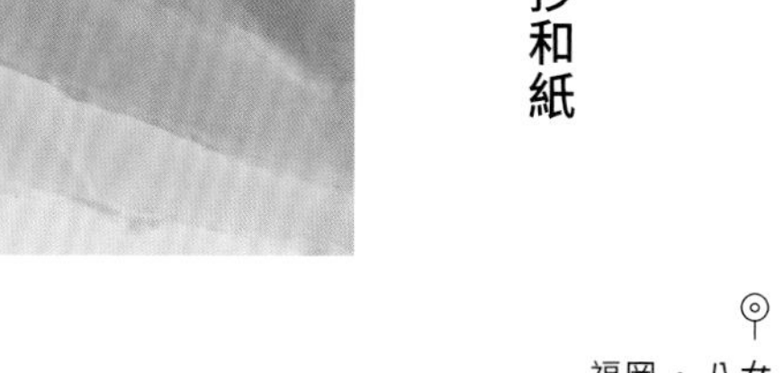

照片左上起為肌裏、美須、宇田。

福岡・八女

在著名的日本茶產地福岡縣八女市也有好幾間和紙工坊，全都是在製作表具用紙。生長在八女周邊的楮樹纖維很長，能夠做出堅固且耐久性佳的紙張。說到表具用紙，之前在第139頁曾介紹過奈良縣吉野的宇陀紙。以修復和表具的歷史來看是吉野比較古老，八女起步較晚，因此八女的抄紙匠們為了向吉野表示敬意，即便紙張名稱相同也會改成別的漢字。比方說，用來為作品進行第一道裱褙步驟「肌裏打」的美濃和紙是「薄美濃」，八女則直接稱之為「肌裏紙」。在進行調節厚度的「增裏」時，吉野使用的是加了胡粉的「美栖紙」，八女則是加了石粉的「美須紙」。到了最後的裱褙步驟「總裏」，吉野使用的是「宇陀紙」，八女則是寫成「宇田紙」加以區別。無論哪一種，八女紙的價格都比吉野來得親民，所以經常是人們想要輕鬆修復時的首選。

友善人與環境的製紙方式
不是生長於產地更能帶來自由

織紙、紙布

「水保浮浪雲工房」的金刺潤平先生將熊本縣水俣作為自己的抄紙據點。靜岡縣出身的金刺先生會居住在水俣，是因為遇見了公害病水俣病。大學畢業後，他以日本青年奉仕協會的志工身分來到水俣服務1年，之後決定在這片土地開設工坊。因為長年對抗水俣病的作家石牟禮道子女士建議他，可以和水俣病患者一起做製造和紙的工作，於是他便本著「友善人與環境」的信念，懷抱對嗅覺障礙、手指麻痺患者的關懷，決定抄製出製程不依賴藥品的紙張。他以「活用廢棄物」為座右銘，至今使用過洋蔥皮、不符規格的藺草、香蕉樹、老舊的牛仔褲等作為原料。金刺先生開發出的無蒸解藺草漿，獲得第二屆日本製造大賞優秀賞。非但不是生長於和紙產地，還在水俣這塊現在沒有其他抄紙匠的土地上活動，可見一定有許多辛苦之處。但正因為沒有傳承前人的觀念，金刺先生才能擁有自由自在的創意發想，讓人感受到他身上強大的能量。

現在，他製作的產品有以楮樹編織成的「織紙」。做法是敲打楮樹纖維後不經抄製，直接將其編織重疊。有顏色的款式帶些許光澤，像是當成墊子等能自由發揮創意、思考用途。另外也有製作小張的紙布，而這部分是由他的太太宏子女士負責。她會將金刺先生抄好的和紙捻成線狀，做成紙布。其中也有緯線是紙、經線是木棉的種類，充分展現出她身為機織作家的好手藝。

熊本・水俣

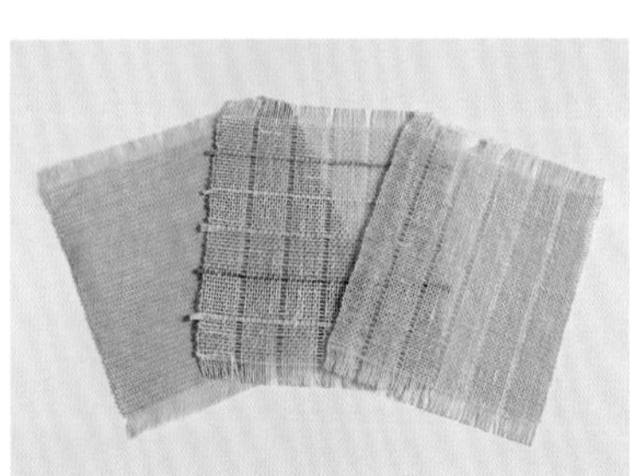

使用和紙捻線製成的紙布。

敲打楮樹後編織，接著再敲打出光澤感的織紙。

構樹和紙——名尾和紙

構樹製成的堅固和紙
薄可透光的特性適合做成燈籠

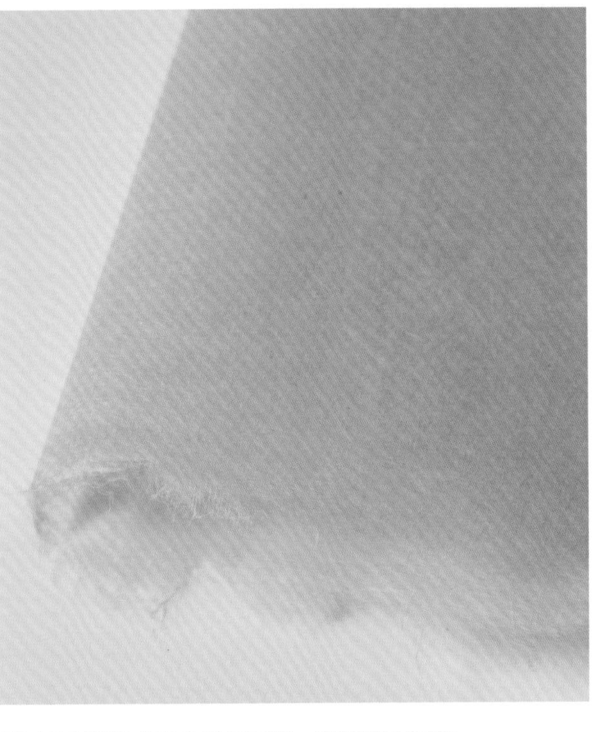

耳朵（紙的邊緣）部分可以看見長纖維，以構樹製成的和紙。

佐賀・名尾

在佐賀縣名尾這個地方，有一間由谷口祐次郎先生努力經營的工坊「名尾手抄和紙（名尾手すき和紙）」。名尾是使用楮樹的同類構樹為原料，也就是泰國所使用的那個構樹（參照第20頁）。由於構樹的含油量比楮樹多，纖維又長，因此可以做出堅固的紙張。構樹的日文漢字寫成穀木或梶木，因為也有許多人不認識這種樹，所以如果在店裡介紹「這是堅固的楮紙」，客人應該會比較好理解吧。谷口先生是從栽種構樹開始著手。我原以為這種紙多半是用來做成格子門，結果因為堅固耐用又透光，也經常被做成燈籠。另外，這也是製作兒童尺寸的風箏常用的紙張。還有，長崎諏訪神社舉辦的秋天大祭「宮日節（Kunchi）」中，用來獻神的「長崎舞龍」的龍也有使用這種紙。

以與香蕉同類的多年生草本植物製成
原料是和芭蕉布一樣的糸芭蕉

芭蕉紙——琉球紙

看得見芭蕉纖維的芭蕉紙。

沖繩・那霸

位在沖繩首里城附近的「手抄琉球紙工坊蕉紙菴（手漉き琉球紙工房蕉紙菴）」，經營者安慶名清先生所抄製的是芭蕉紙。紀錄上，芭蕉紙誕生於1717年。1978年，出雲的安部榮四郎先生（第162頁）和徒弟勝公彥先生，復活了明治時代曾消失的芭蕉紙。安慶名先生原本是上班族，後來作為勝先生的徒弟習得了抄紙技術。作為原料的芭蕉是與香蕉同類的多年生草本植物，分為觀賞用的花芭蕉、食用果實的實芭蕉及利用纖維製作布和紙的糸芭蕉。芭蕉的莖切開後就像年輪，數十片的皮重疊包圍著芯。將皮一片片剝下，再取下用來製作芭蕉布的纖維，剩餘的皮就是原料。芭蕉的纖維強韌，含有大量非纖維素。安慶名先生的芭蕉紙看得到纖維，質感樸實，且比國外的香蕉紙更為細緻。與Lokta一樣，即便原料相同，不同國家呈現出的感覺也會有所差異。

從守護甘蔗田的職責中
誕生的樸素紙張

月桃紙——琉球紙

照片左邊是薄款，右邊是厚款的月桃紙。

沖繩・那霸

月桃紙和芭蕉紙同樣是沖繩特有的紙張。月桃是薑科的多年生常綠草本植物，自古便被當成漢方藥使用，據說具有健胃整腸、促進食欲、止咳等功效。然後，我想應該也有人在沖繩見過甘蔗田周圍種了月桃吧。那是因為月桃葉有很好的防蟲效果。當初是因為有人向宍倉先生（第76頁）以前任職的公司詢問能否將月桃加以運用，後來才有了月桃紙的誕生。月桃的纖維相當長，抄好的紙上也殘留著纖維。「日本月桃」製作的手抄月桃紙有厚款和薄款2種。月桃紙也是很受歡迎的壁紙，而這時會使用月桃紙壁紙。「紙的溫度」因為只有販售手抄月桃紙，所以是將厚款的手抄月桃紙當成壁紙使用。

如此美好的店家，其誕生的經緯

看到這裡，各位想必已經明白「紙的溫度」的紙張收藏是多麼豐富多樣了。每種紙都有各自的韻味，用途也是五花八門，讓人覺得似乎不該將其一概統稱為「紙」。這些紙都是花岡先生一張一張看過後挑選回來，店長城ゆう子女士則負責在店內服務顧客。雖然花岡先生說「還是有好多尚未收集到的紙張」，不過他也對店內品項最齊全這一點深具信心。

「不只日本國內，我也去世界各地許多商店拜訪過。像是英國、法國、美國等等，我只要聽說哪裡有好店就會去看看，結果卻一點都不驚豔。雖然是有專賣某些紙張的店家，但像我們這樣各類型紙張都收羅的店恐怕是絕無僅有。」

開端是家庭用紙

「紙的溫度」是在1993年，花岡先生50歲時開幕。那麼在此之前，花岡先生是做什麼的呢？因為只要了解開店之前的背景和花岡先生這個人，就能清楚知道「紙的溫度」這間富有個性、獨一無二的店為何誕生，所以接下來要先稍微回溯一下過往。

花岡先生的老家是創業於1866年的紙張批發商，古時候是販售和紙，後來則以家庭用紙為主在名古屋一帶做買賣。由於他是獨生子，所以從小就毫不懷疑自己將來要繼承家業，雖然是就讀升學學校卻沒有上大學，高中一畢業就立刻踏入社會。1960年代初期是一個日本正在經歷高度經濟成長，圍繞生活的各個層面都逐漸產生巨大改變的時代。鼻紙變成面紙、塵紙變成衛生紙，就連家庭用紙的世界也有了快速的變化。然後就在這個時期，超市開始在日本全國接連開幕。家庭用紙的賣場從化妝品店、藥局這些小店家，轉換成了量販店。

「原本生意做得很順利，營業額也年年上升，可是後來隨著競爭愈來愈激烈，利潤幅度開始逐漸縮小。再加上家庭用紙被納入盥洗用品的業界，不同以往的商業習慣讓我感到困惑」，花岡先生回顧當時這麼說。比方說，必須派遣員工去量販店支援盤點，就連年末也要被迫出勤。不僅如此，因為直接和量販店做生意的廠商增多，讓批發商的存在價值也開始受到動搖。因為想要堅守紙行傳統的氣概使然，加上對盥洗用品業界的商業習慣感到憤慨，花岡先生因而開始對家庭用紙這門生意萌生退意。此時正值1980年代中期。

就在花岡先生為此感到悶悶不樂時，一次新的邂逅降臨在他身上。麻田孝治先生是最早將源自美國的貨架管理電腦系統，以及品類管理的概念引進介紹到日本的老師。因為花岡先生和員工去了麻田先生在大阪舉辦的讀書會，後來才有機會請麻田先生到他的公司講解經營理念。

花岡先生的老家是
紙張批發商（攝於大正時代）。

日漸沒落的和紙仍有希望

有一天，在送麻田先生去名古屋車站的車上，麻田先生對花岡先生說：「請找機會成立小公司，而且那間公司的業務絕對要和紙相關。我可以想見你如果跨足其他領域，屆時一定會失敗。你絕對要靠著紙努力下去。」

聽了他的話之後，花岡先生開始一邊從事本業，一邊和員工一起進行市場調查。當時社會上掀起一股包裝風潮，心想也許能從中挖掘到可能性的他前往東京收集情報，結果每家店的老闆都異口同聲地表示：像日本這樣習慣替客人仔細包裝物品的國家，必須好好地站穩腳步才行。實際上，那些只是一時趕流行、沒有好好深耕的店家，最後都歇業了。

花岡先生持續調查一陣子後，某天麻田先生給了他一記當頭棒喝。「沒做過的事情不管再怎麼研究也不會有答案跑出來。與其繼續猶豫下去，還不如趕在50歲以前放手一搏。如果順利的話，15年後、20年後就會做出個樣子來，但要是拖到55歲、60歲才動手就太遲了。50歲是你展開新事業的最後期限。」

當時花岡先生已經48歲，無法再拖下去了。之後麻田先生又建議他「既然不是做好玩的，就得先把要做的事情的架構寫出來」，於是花岡先生便寫出以下10條。

擁有主體性

擁有價格決定權

盡可能親近消費者

小型組織
不偏離主軸
大企業難以進入的領域、結構
珍惜人
發揮行銷能力
重視行動
不排斥困難的工作

「這些全部和量販店過去對我們做的事情相反。無法保有主體性、被奪走價格決定權、無法親近消費者……所以我把所有反面的事情都寫下來。客觀地看過這10條之後，我發現自己沒有寫『日漸沒落的和紙沒希望了』。把這一點當成理由或許很奇怪，不過既然我在創業時曾經販售過和紙，也多少具備一點行銷能力，因此後來我就開始拜訪和紙的產地。」

溫暖的和紙

當然，花岡先生非常清楚和紙已經是一項夕陽產業。因為早在他進入公司的時候，和紙就已經開始不斷沒落，所以就連拜訪和紙生產者這件事，他也是毫無頭緒。然而在這份看似有勇無謀的行動力背後，花岡先生告訴我「其實我有自己的歪理啦」，而那一點和店附近的熱田神宮有關。

「熱田神宮裡有一間保佑生意興隆的上知我麻神社，所以我就去求了護身符。再加上『神』和『紙』的日文同音，於是我心想這下一定能夠成功說服我父親。」

順帶一提，「紙的溫度」的店鋪原本是花岡先生的老家，也就是紙張批發行用來存放衛生紙庫存的倉庫。由於那個地點旁邊有幹道經過，平常不會有人往來，身邊的人都認為「那個地方不適合開店」而提出反對。但如果想在名古屋的市中心開店，支出費用將會大幅暴增。

「因為除了這裡找不到其他空間，於是我就豁出去了。」

花岡先生取得手抄和紙的名冊，根據那本名冊走遍全日本。「在這裡，你要當成自己是來買番薯，而不是來買和紙」。在東北某產地聽人這麼說之後，花岡先生一頭霧水地去拜訪生產者，結果對方只是一直吃著用來配茶的醃菜，完全沒有提到和紙的事情。「那個，我今天是來買紙的」他好不容易這麼開口，對方才回答「紙在倉庫裡，你去拿吧」。最後去拿和紙的人，還有寫交貨單的人都是花岡先生。

「啊啊，原來如此，我終於明白這裡的人是把和紙當成農產品看待了。」

在走遍全日本的過程中，花岡先生遇見了大大改變他人生方向的和紙。那是在他拜訪京都黑谷時發生的事情。將花鳥風月和吉祥圖案染得色彩繽紛的多種和紙，令花岡先生和同行員工著迷不已。那是以沖繩傳統染織技法「紅型染」製成的紙張，傳統中又帶有時髦的氣息。各位在第132頁見過的美麗紙張便是這種紅型染和紙。後來花岡先生才知道那些紙都是由金山ちづ子女士一人獨自製作，而如今「紙的溫度」依然備有豐富商品可供挑選。

「我雖然出生在販售和紙的家庭，但是我這一代卻一度與和紙斷絕關係。因為家庭

「紙的溫度」開店當時的店鋪景象。
起初只有現在的北館。

用紙與和紙是完全不同的2個世界，所以我對和紙懂得並不多。然後我在到處拜訪日本產地的同時，內心其實對於是否真的要開店這件事還存有一絲猶豫。不過在黑谷見到紅型染和紙後，我好驚訝也好感動，原來日本還有這麼美麗的紙存在，於是就下定決心不要讓和紙繼續沒落下去。我告訴自己，只要收集這種紙、打造出一家有趣的店，和紙就不會是夕陽產業。」

其實那天還決定了另外一件大事，只是花岡先生也是到了後來才想通。花岡先生像在報告一樣，將那天在黑谷見過紅型染後，興奮不已地在回程途中和員工共同下定決心要開始新事業，並且聊了許多未來展望的事情娓娓道來，而據說「紙的溫度」這幾個字便隱藏在他們的談話之中。

「我回來之後用員工的口吻，把和紙很溫暖之類的話寫了下來。後來過了1年準備正式開店時，我們想了大概超過100個店名吧，卻還是覺得這個不行、那個不行，而正當我們快要絞盡腦汁時，忽然就想到『紙的溫度』這個名字。」

當時雇用來協助開店的設計師反對使用這個名字，對方覺得名字有「の」的店很少有成功的（「紙的溫度」日文為「紙の温度」），還說應該要取「紙屋院」這種有歷史感的名字比較好。但是花岡先生認為「紙很溫暖，希望大家都能感受到紙的暖意」，堅持取名為「紙的溫度」，於是1993年3月22日，這家店終於開幕了。

半年就會倒閉

開幕之初，店內販售的紙張約為1200種，全部都是手抄和紙，完全沒有機器抄

「紙的溫度」開幕時發送的廣告單。

紙和國外的紙。而且還有可以體驗抄紙的工坊，實在應該說是「和紙的溫度」而非「紙的溫度」。

「店裡陳列的都是價格昂貴的和紙，是一間讓客人很難下手購買的店。」花岡先生回顧當時也這麼表示。然後在開店首日，花岡先生遇見一位令他印象深刻的人物。

「請你們老闆出來。」

花岡先生急忙出來後，對方劈頭就說：

「這種店肯定只要半年就會倒閉。」

這實在不是商店開幕當天會想聽見的話。但是花岡先生並沒有這麼想。

「既然您這麼說，請您務必多多指教。」他反而這麼拜託對方。

那位名叫嶋田紀子的女士是摺紙講師，對和紙非常了解。像是應該如何備齊商品、店內還沒有的復古圖案和紙等等，她給了花岡先生許多建言。還有另一位在開店後不久，給予花岡先生寶貴建議的是海部桃代女士。海部女士是《和紙花　日本的四季》（書名暫譯）等書籍的作者，還曾經在東京開過和紙店。她根據那家店經營不善最後歇業的經驗，「對好的和紙一見鍾情後，就只想把那種和紙全部收集起來是不行的。店裡一定也要擺能夠賺錢的紙才行」給了如此具體的忠告。

聽到這裡，讓人不禁覺得花岡先生總能在重要時刻遇見堪稱恩師的人物。無論是麻田先生，還是嶋田女士、海部女士，他們都在剛剛好的時間點出現在花岡先生面前。而且那樣的邂逅，迄今已重複發生不知多少次。或許花岡先生擁有能夠直覺感應到何時會與那些人相遇的能力也說不定。

「紙的溫度」開店當時的員工。
左起第 2 位是城女士。

店內的紙都是長尾商品

既不是賣需求量大的熱門商品，距離名古屋車站有段距離、位在國道旁的地理位置也不方便顧客前來。雖然不認為營業額馬上就會增加，不過聽說剛開店那陣子的確有營業額掛蛋的時候。但是花岡先生已經對過去從事家庭用紙批發商時，那個認為「週轉率就是一切」的世界感到厭煩了。因為厭惡那個極度追求薄利多銷的世界，他抱著即便週轉率不佳還是要緩慢平穩地做生意的覺悟，和員工一起忍耐。

就這樣漸漸地，一度上門的客人開始願意來第2次、第3次，發送廣告單給加入會員的顧客們的策略也慢慢有了成效。從第2年起，店內也陸續開設摺紙、王朝繼紙（譯注：平安時代的一種和紙工藝）、拼貼畫等各種課程。王朝繼紙是因為長野隆先生（參照第186頁）正好看到電視在介紹，心想「這個很適合『紙的溫度』！」便通知花岡先生，於是花岡先生立刻前往參與節目演出的近藤富枝女士家中拜訪。據說近藤女士見到花岡先生這麼努力又有誠意，便很爽快地答應開課以表支持。

這樣的合作模式不只對「紙的溫度」有好處，聽講者們也受益良多。以王朝繼紙為例，要製作用來書寫假名文字的料紙需要好幾張和紙，並且每個季節都會用到不同的顏色和圖畫，而每種又都分別會使用到1張和紙。因為批發商想以100張為單位出售，導致愛好者無法如願買到材料，從事這項嗜好的人口也就遲遲沒有增加。但只要參加「紙的溫度」的課程，就能單張購買店裡的紙，製作出自己喜歡的料紙。結果因為這樣，假名書法大師們紛紛慕名前來造訪。起初店內都是開設和紙相關的課程，後來也漸漸增加法式布盒、裝幀、捲紙藝術等西式課程。甚至有些本來以顧客身分來店的人，也

學生在王朝繼紙課程上完成的作品。

自告奮勇說「我想在這裡開設講座」。

可以單張購買想要的紙，這在顧客看來是很大的優點，但店家就必須為了那1張事先準備庫存。

「手抄紙的訂貨單位多半是一釜份（300～400張左右），現成品則是50張。因此我必須決定要不要為了1張紙下單，畢竟有些紙真的1年只能賣出幾張。可是因為也有一些紙不會再繼續製作了，所以還是得趁有的時候趕緊採購。再說也有很多人不會當場購買，而是等過了一陣子之後才來詢問。例如，之前有位客人說想要他之前看到的紙，結果一問之下才知道，他所謂的『之前』已經是5年前了（笑）。畢竟紙張不是必需品，所以銷售時間會拉得非常久。」

但是如同在「前言」提過的，這家店的口號是「一定有」。保持一貫「向客人請教」的虛心態度，並且滿足客人所有需求，是「紙的溫度」這家店的經營方針。如果客人能找到想要的紙是最好的，如果沒有也要盡可能提供類似的商品。不僅如此，他們還會向想要購買稀有紙張的人詢問用途，積極地開拓新領域。因為不停地尋找、持續累積庫存，結果最後一共收集到2萬件商品。假使一次能夠賣出100張的紙叫做熱賣商品，那麼「紙的溫度」沒有一樣是熱賣商品。花岡先生說店內所有的紙，都是只能一點、一點慢慢賣出的長尾商品。那些紙張受到妥善保管，正持續等待出場時機到來。真的和家庭用紙完全相反。

「紙的溫度」的賀年卡上寫著「一定有」的口號。

前往亞洲、歐洲、美國

現在「紙的溫度」店內陳列了從世界各地收集回來的紙張，但如前所述，開店之初店裡其實只有手抄和紙。他們會開始販售國外的紙，最大的原因是因為海部女士建議也要販售價格親民的紙張。

「手抄和紙固然很好，但是也因為太好了，所以價格非常高昂。我因為想要尋找更加經濟實惠的紙，於是首先將目光轉向亞洲。」

花岡先生最先前往的是泰國，當時是1995年。泰國有又被稱為泰國楮樹的構樹，和日本楮樹相比含油量較高，能夠製成堅固的紙張。和走遍日本產地時一樣，花岡先生對於應該去哪裡找紙毫無頭緒，況且那個時代的網路又還不是那麼普及。於是他只好去詢問大使館，參加展覽會。後來，他陸續和尼泊爾、不丹、緬甸、菲律賓、韓國開啟交易。那些紙張不只是作為「和紙的替代品」，由於也有許多人喜歡那種和紙所沒有的樸實感、粗獷感，所以店內進了非常多富有各國特色的紙張。花岡先生也會和員工一起親赴生產現場，並對於各國看待紙的想法差異有很深的體會。

「和紙因為是手工抄製，所以每一張呈現出來的感覺都不一樣。嚴格來說，即便同樣都是楮樹，去年的楮樹和今年的楮樹做出來的紙張也會有所不同。但是亞洲手抄紙的差異之大完全無法比擬，在當地看到的東西和送來的東西天差地別是常有之事。他們不但有時會把蟲也一起抄進紙中，甚至還會有頭髮在裡面。由於文化不同，要讓對方理解為何這樣不行很困難。我們日本人的細膩要求，對他們而言大概是一種困擾吧。」

「紙的溫度」是從1997年開始引進歐洲的紙張。在德國法蘭克福舉辦的

在德國法蘭克福舉辦的國際文具、紙製品及辦公用品展「Paperworld」。花岡先生是正在商談的3人中右邊那一位。

「Paperworld」是專門展出紙張和紙製品的展覽會，不只歐洲，來自全世界的紙都會聚集於此。花岡先生積極地前往參加，希望遇見尚未見過的迷人紙張。順帶一提，他也會去參加法蘭克福以外的好幾個展覽會，但無論是亞洲還是歐洲的展覽會，會場上都有許多紙以外的展品，讓他和同行員工時常有「要是找不到就不能回店裡」這種被逼到走投無路的感覺。在法蘭克福的展覽會上，花岡先生不僅找到德國的紙張，也挖掘到義大利、比利時、荷蘭、伊朗等許多國家的紙，並將它們帶回「紙的溫度」。除了手抄紙外，也有機器抄紙，例如大理石紋紙、印花紙等等，經過二次加工的紙張種類豐富是西洋紙的一大特色。由於是去展覽會上直接與廠商接洽，因此經常可以在「紙的溫度」找到連日本代理商都沒有的紙。

至於美國的紙張，「紙的溫度」店內當然也有。其中種類最為豐富的，就是第64頁介紹的「SKIVERTEX」仿革紙。一如字面所述，這是一種模仿皮革、經過壓紋加工的紙，花岡先生是因為客人詢問「你們有賣法式布盒用的SKIVERTEX嗎？」才知道這種紙的存在。法式布盒是把紙或布貼在厚紙盒上加以裝飾的法國傳統工藝。

「我一心以為既然這是法國的傳統工藝，紙當然也是法國製造的，結果卻怎麼找都找不到。這也難怪了，因為那其實是美國公司的產品。」

當初之所以會遍尋不著，是因為SKIVERTEX這種紙並非專門用來製作法式布盒，而是被廣泛用於包裝高級巧克力、葡萄酒。「紙的溫度」進了很多顏色和圖案，多到連SKIVERTEX總公司的人來看了都大吃一驚。花岡先生也很有自信地表示，「紙的溫度」恐怕是全世界SKIVERTEX商品最齊全的店家了。

右）在「紙的溫度」北館2樓開設的法式布盒教室。
左）法式布盒教室的學生作品。

無可取代的人們

在「紙的溫度」店內被眾多紙張圍繞，真的會讓人不禁感嘆世上竟有如此美麗的紙。雖然和某些進口紙張的抄紙匠及生產者仍緣慳一面，不過如果是和紙的話，那麼從東北到沖繩，花岡先生和「紙的溫度」的員工幾乎都直接和對方見面洽談過。所以，他們不僅非常清楚以楮樹、三椏、雁皮為原料的紙張各自有何特徵，也能夠比較產地的特質和擅長領域，更重要的是，他們還十分熟悉每位抄紙匠製造出來的紙張特色。一談起這些，花岡先生顯得眉飛色舞。

愛上紙的同時，也深受人的吸引。與其說遇見產地的生產者，更像是遇見一個「無可取代的人」。有時，因為那些人太過堅持自己的想法，以致抄製出來的紙不符合市場期待和需求。儘管就生意上來說不算成功，花岡先生依舊耐心等待。

「我也曾經因為太心急，遭遇過許多失敗。」

就算如此，他仍相信對方的可能性，透過持續交流加深彼此的信賴感。直到現在，依然有許多抄紙匠是由花岡先生親自負責接洽，也有的人只將產品出貨給「紙的溫度」。在他們心中，花岡先生或許才是那個「無可取代的人」吧。

即便超乎常識，也希望客人觸摸紙

如同店名「紙的溫度」所示，手抄紙十分溫暖。也許應該說帶有空氣感吧，那一點正是手抄紙最迷人之處，也是很難透過照片和螢幕傳達出去的部分。早在開店之前，花岡先生就很清楚這一點，所以他希望每位來到店裡的客人都能直接伸手觸摸紙張。可是這件事情卻讓他和員工們起了很大的爭執，因為當時販售整張紙的店家多半都不讓人觸碰商品。不只日本，連在國外的店鋪裡，花岡先生也有好幾次因為摸了而挨罵。

「客人觸摸之後，紙張因此髒了或破掉，當然是會造成損失。可是如果不讓人摸，顧客要怎麼體會和紙的好呢？這一點是和紙與西洋紙很不一樣的地方。所以我決定即便會產生損失，也要讓客人觸摸。無論什麼紙，全部都可以讓客人親手感受。」

另外，就像手抄和紙被說是農產品一樣，非工業製品的手抄紙因為不在「規格品」的範疇內，自然也就沒有被加上日本商品編碼在市面上流通。花岡先生運用以前在量販世界的經驗，在「紙的溫度」利用條碼進行商品管理。雖說「因為工匠們不會做這種事情」，但也不難想像即便是同一位工匠抄製的紙，要將所有厚度、顏色、尺寸都加上商品編號加以管理，需要花費多大的勞力。可是建立這樣的體制，確實也能方便顧客在網路商店利用商品編號進行查詢，進而有效地回應顧客回購的需求。

另外，所有紙上都貼有價格標籤。雖然是貼在紙的背面，不過還是有許多人擔心「要是撕下時破掉怎麼辦？」關於這一點，他們的做法是將有破掉疑慮的紙一張一張裝進透明袋中，再把標籤貼在袋子上。這項作業也是由員工一一完成。

「我也覺得生意難做，可是我已經決定要不畏艱難、堅持下去了。」不只是紙，花岡先生的這份氣魄也讓這家店成為溫暖的空間。

所有紙上都貼有條碼。

在許多人幫助下成長的店

如前所述，花岡先生總能在重要時刻遇見堪稱恩師的人物，人數多到甚至無法全部介紹完。負責商品開發和企劃的長野隆先生在「紙的溫度」開店時，製作了名為「P專業企劃」、作為經營要點的文件。4張A4大小的紙上，非常簡潔而明確地寫下應該重視什麼、以成為什麼樣的店為目標、應該以何者作為武器等等。其中最令人感到訝異的，是文件的最後一項「失敗的原因」。那些原因分別有「當失去他人的支持」、「當熱情消退時」、「當喪失自信時」、「當熱情失衡時」，而最後的「當熱情失衡時」更是具體寫出以下內容。

當只專注於製作、收集時
當被利益和營業額追著跑、失去平衡時
當只在意合理之事、利潤盈虧時
當只在乎知識和智慧時
當不再握有廣大、深入的資訊時
當信賴對象不公正時

這些普遍而重要的事項通用於任何生意和工作，而值得慶幸的是，在挑戰新事物的花岡先生身邊有這麼一位願意直言不諱的人物。這份讓人想要反覆細讀玩味的文件，或許可以說是「紙的溫度」的起點吧。

顧問古井君多郎先生是在開店之初突然現身。在那之前，他曾經在花岡先生參加愛知縣主辦的「新世代產業指導講座」時擔任講師，因為受其滿懷風骨的為人吸引，花岡先生還曾邀請他來參加公司的合宿集訓。

「海軍出身的他因為親眼目睹過人的生死，所以態度十分嚴謹，但是思想卻非常有邏輯。他教會我商業是一件充滿矛盾的事情，並不斷提出一些沒有正確解答的問題來考我。」

順帶一提，古井先生過去是開店當天的摺紙講師嶋田女士的丈夫的上司。不可思議的緣分在花岡先生周圍不斷擴大。

另外，由於見過量販店積極教育員工的做法，花岡先生對於員工教育這一塊也非常注重。比方說，他會定期舉辦由紙張專家主講的讀書會，透過講習課程增進員工的知識。第76頁介紹的宍倉佐敏先生從2005年開始擔任講師，除了講解不同樹種製作出來的和紙特徵，還非常詳盡地介紹左右紙張成品的「纖維」。不只員工，就連一般人也能夠聽講。除此之外，花岡先生還曾經邀請心理學老師來講課，非常特別。課堂上，名叫塹江清志先生的老師講解了「客觀審視自己」的重要性。他指出人時常用自己的立場思考事情，卻鮮少從另外一個角度進行考察。這對接待客人的服務業來說是不可或缺的觀點。

2001年，和紙來到倫敦！

花岡先生和被譽為和紙人偶第一人的中西京子女士，及其擔任製作人的丈夫中西弘

針對紙張纖維進行演講的宍倉先生。

光先生，是因為他造訪京子女士在銀座舉辦的展覽會而開始往來，之後還曾邀請京子女士在「紙的溫度」開設教室。有一天，京子女士表示「我想在倫敦展示人偶，可以借我三六判（90×180公分）規格的紙嗎？」花岡先生心想應該是要當成展示背景吧，於是便一口答應。結果沒想到事情的規模最後變得大到超乎想像，那場展覽會居然要在因上演莎劇而聞名的環球劇場的地下空間，以「Wrap the Globe in Washi」為題，共同展示人偶與和紙。

以莎士比亞和江戶時代的小劇場為主題，展示數量眾多的和紙人偶。人偶的尺寸為50公分到80公分，相當巨大，因此能夠清楚看見每尊和紙人偶臉上的表情，震撼力十足。整個展示空間的設計布置也十分精巧細緻。由於展出時會將舞台布幕換成手抄和紙掛毯，於是京子女士委託花岡先生製作掛毯。這件事可是和出借三六判規格的和紙相差甚遠。花岡先生請越前的長田製作所幫忙抄製，做出11張3×5公尺與12×4公尺的巨大掛毯（下方照片右邊）。這場展覽會後來獲得好評，不僅也在日本各地巡迴展出，還曾在「紙的溫度」的根據地名古屋辦展。

現在有3張展示過的掛毯被裝飾在店內，希望各位到了店裡務必駐足欣賞。

和製作者一同豐富紙的世界

花岡先生自開店以來的堅持之一，就是「不對手抄和紙殺價」。

「我看過太多家庭用紙和同業批發商在量販店的無理要求下，因為利潤過低而不得不歇業。因為不忍見到那種事情發生，所以我決定無論如何都不殺價。」

在倫敦舉辦的「Wrap the Globe in Washi」中展出，由「紙的溫度」製作，寬12m、高4m的巨大和紙掛毯。

手抄紙雖然是在自然環境豐富的地區被製作出來，可是大自然有時卻也成為人類的大敵。就有人曾經因為原料的幼苗被過度繁殖的鹿吃掉，導致那一年無法抄製紙張。況且花岡先生本來就知道工匠們賺得很少，自然更不想向他們殺價。只要聽到有人說「我做了漂亮的紙，可是完全賣不出去」就會全部買下；一旦聽到別人哭訴「沒有工作可做」，就會和對方一起思考新產品，然後同樣把做出來的紙全部收購下來。花岡先生儘管是生意人，不想讓優質和紙就此消失的意念卻更為強烈。

除卻為了書法、修復、裝飾等用途而生的和紙外，也有一些和紙並沒有明確的使用目的。

「所有西洋紙的誕生都有其目的，這一點與和紙大相徑庭。目的不明確的紙雖然很難賣出去，不過我們期待那些紙會因為來到本店，而在將來的某一天發揮新的用途。」這也是花岡先生的一種氣概。

然後，為了讓更多人了解紙的趣味、美麗，花岡先生和員工共同積極行動，擴展紙張世界的可能性，而其中一環就是製作原創紙。比方說，「紙的溫度」的根據地名古屋不是紙的產地，所以他們決定自行發起企劃，請人將和服的「名古屋友禪」和「有松絞」染成和紙。這項嘗試從1998年開始延續至今。另外，他們還和漆匠共同研究，製作出塗上本漆（譯注：僅使用漆樹樹液的漆）的仿革紙。由於漆在塗抹之後會硬化，因此只要摺紙，表面就會斷裂。然而他們開發出一項技法，做出可以凹折的紙張。希望做出用來取代皮革的永續性紙張的想法，以及能夠讓美麗延續的技術，促成了這種紙張的誕生。還有，有鑑於縮緬揉紙的技術就快失傳，會的人也愈來愈少，於是「紙的溫度」的店長城ゆう子女士向工匠拜師，花時間學習那項技術。縮緬揉紙的技術不僅因此得以延

因製作「Wrap the Globe in Washi」的掛毯，在當地接受表彰的花岡先生。

續，同時也為伊勢仿革紙的復興帶來助益。

為了讓手工紙延續下去

開店至今即將邁入第30個年頭。紙張在這些年來，尤其是和紙所處的環境有何變化呢？

「我感覺和紙產業正不斷沒落當中。我們以前到處拜訪生產地時用來參考的手抄和紙名冊上，原本記載了大約400間工坊，可是現在已經只剩下100間左右了。」

儘管處境艱難，和紙製作依舊是日本值得誇耀的傳統產業。2014年，「和紙日本手抄和紙技術」被登錄為聯合國教科文組織的無形文化遺產。這雖然是件值得高興的事情，但就是因為該時代的興盛之物正逐漸消失才會被列為「遺產」，因此接下來必須面臨該如何保存下去的重大課題。正因為如此，「紙的溫度」不顧店內庫存日漸增多，依然非常積極地收集若是現在不買，以後可能就再也買不到的珍貴紙張。

「傳統的東西一旦省時製作就毀了。例如縮緬揉和紙是利用專用紙型縱向、橫向、斜向地揉搓和紙，讓紙張變得柔軟好處理。這是江戶時代流傳下來的加工技術。在製作那個紙型的過程中會塗抹柿澀，但這個步驟只能在大熱天的時候進行。因為塗得太多會讓皺褶變平坦，所以必須一點一點地反覆塗抹才可以。而且還不是塗完之後就結束了，之後還得靜置2、3年使其乾枯。還有，我曾經委託美濃的加納先生製作覆蓋在手工味噌上的薄紙（參照第120頁）。一般清洗原料楮樹的時間大約是2小時，可是這個味噌紙卻必須清洗11個小時才行。加納先生就是一個願意接下這種工作的人。儘管費時費

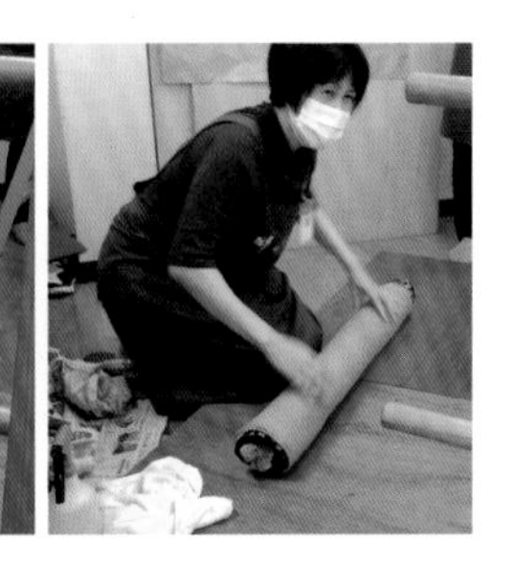

「紙的溫度」店長城女士
實際示範製作縮緬揉紙。
這是如今已鮮為人知的珍貴技術。

工，還是不能有一絲鬆懈。傳統技術靠的是耐性和毅力，若想要做出好紙，就得付出相當的時間和勞力。」

另外，和紙通常會註明抄紙匠的名字，但如果是經過縮緬、板締這類二次加工的紙，就鮮少會提及加工者的名字。據說一方面也是因為這個緣故，才使得二次加工的技術日漸消失。

「縮緬過去是在日本各地都見得到的技術，但現在擁有那項技術的產地正不斷減少。板締則是有人會染，但會摺疊的人愈來愈少。以前摺紙工作都是由做家庭代工的老奶奶們負責，可是那些人不在了之後，價格也就跟著水漲船高起來。這樣的現況，讓我真心覺得非得由本店來接手不可。」

希望各位能夠前來「紙的溫度」，盡情感受和紙與世界紙張的魅力。只要拿起自己喜歡的紙觸摸看看，一定可以體會到手工製品獨有的溫暖，然後就會更加愛上紙張。世界上有這麼多迷人的紙張，是多麼美好、多麼令人開心的一件事。大家一起為紙張打造光明的未來吧。

"KAMI NO ONDO" GA DEATTA SEKAI NO KAMI TO NIHON NO WASHI
Kami no Ondo co.,ltd

This book was first designed and published in Japan in 2022 by Graphic-sha Publishing Co., Ltd.
This Complex Chinese edition was published in 2023 by TAIWAN TOHAN CO., LTD.
Complex Chinese translation rights arranged with Graphic-sha Publishing Co., Ltd.
through Japan UNI Agency, Inc.

日文版 STAFF

口述　花岡成治（紙的溫度株式會社）
　　　城ゆう子（紙的溫度株式會社）
撰文　鈴木里子
紙張照片　井上佐由紀
協助　宍倉佐敏、紙的溫度株式會社

書籍設計　中西要介（STUDIO PT.）
　　　　　根津小春（STUDIO PT.）、寺脇裕子
校對　鷗來堂
企劃・編輯　津田淳子（Graphic-sha Publishing Co., Ltd.）

世界紙張&日本和紙

在「紙的溫度」邂逅手抄紙，從造紙工藝體會人文魅力

2023年9月15日初版第一刷發行

著　　者　紙的溫度株式會社
譯　　者　曹茹蘋
特約編輯　劉泓葳
副 主 編　劉皓如
美術設計　黃瀞瑢
發 行 人　若森稔雄
發 行 所　台灣東販股份有限公司
　　　　　＜地址＞台北市南京東路4段130號2F-1
　　　　　＜電話＞(02)2577-8878
　　　　　＜傳真＞(02)2577-8896
　　　　　＜網址＞http://www.tohan.com.tw
郵撥帳號　1405049-4
法律顧問　蕭雄淋律師
總 經 銷　聯合發行股份有限公司
　　　　　＜電話＞(02)2917-8022

TOHAN

國家圖書館出版品預行編目（CIP）資料

世界紙張&日本和紙：在「紙的溫度」邂逅手抄紙，從造紙工藝體會人文魅力/紙的溫度株式會社著；曹茹蘋譯. -- 初版. -- 臺北市：臺灣東販股份有限公司, 2023.09
192面；14.8×21公分
譯自：「紙の温度」が出会った世界の紙と日本の和紙
ISBN 978-626-329-990-0（平裝）

1.CST: 造紙工業

476　112012334